大吴淞规划设计
"三师"联创探索实践

上海市规划和自然资源局 编著

上海文化出版社

金桥
副中心

金滩
智造引擎

杨浦
滨江

复兴岛

浦东煤气厂
科创绿堡

陆家
世界客

大连路
总部节点

北外滩

江湾-五角场
副中心

共青
森林公园

黄 浦 江

翡翠

翡翠山

滨江森林公园

长 江

"三水交汇"空间格局中的大吴淞

大吴淞地区扼守长江、黄浦江、蕴藻浜三水交汇处，区位优越、交通优势明显，滨水岸线、
航运资源丰富，是上海北部的门户地区。"上海2035"城市总体规划将大吴淞地区整体纳入
主城区范围。

世博
前滩
八滩
后滩
西岸

吴淞
副中心

炮台湾湿地公园

淞口国际邮轮港

南泗塘

蕰藻浜

淞南湖

中央绿谷

北泗塘

大吴淞地区

环形交通圈

主城核心区

虹桥国际中央商务区及周边地区

东方枢纽及周边地区

大吴泾地区

城市战略空间和重点区域

上海聚焦"五个中心"建设，着力推动大都市核心功能建设和高质量发展，结合主城区、新城和大都市圈多层次空间格局转型，突出东西南北中"一核一环四向"的网络化、多中心结构，集中推进城市整体功能提升和发展方式转变。

长

吴淞口国际邮轮港

高铁宝山站

江

黄

吴淞创新城

三岔港楔形绿地

浜

藻

浦

蕰

江

"蓝绿交织、清新明亮"的大吴淞地区空间意象

大吴淞地区整合吴淞创新城、宝山站枢纽、宝山城区、浦东三岔港等重点区域，总面积约110平方公里，整体塑造上海主城区北部重大产业战略空间、高铁站＋邮轮母港复合交通枢纽，以及黄浦江、长江口交汇处城市门户区域。

序

　　大吴淞地区位于长江与黄浦江交汇的战略要冲，以其独特的区位优势，在上海城市发展的漫长进程中，落下浓墨重彩的一笔。从区域经济学视角剖析，通江达海的地理位置，赋予该地区水陆交通运输及商贸流通得天独厚的发展优势，使其成为区域经济发展的关键枢纽，承载着物资集散与经济交流的重要使命。

　　回溯近代，1898 年和 1920 年两次自主开埠的重大历史事件，将西方先进的生产技术、前沿的管理理念以及多元的文化思潮引入大吴淞地区。外来文化与本土文化的深度交融，犹如催化剂一般，有力地推动城市功能的现代化发展进程。在这一过程中，早期工商业破土而出，大吴淞地区也顺势成为城市现代化转型的前沿阵地，开启了一段充满变革与创新的发展篇章。

　　中华人民共和国成立后，国家战略性钢铁产业在大吴淞地区布局，如同投入湖面的巨石，激起层层浪花。它不仅带动上下游相关产业的大规模集聚，形成结构完整、协同高效的产业生态链，还为国家工业化进程提供了坚实的物质基础与强大的动力支撑，在国家经济建设的宏伟蓝图中，书写下辉煌的一页。

　　时过境迁，随着全球经济格局深度调整，大吴淞地区站在新的历史起点上，面临创新转型的紧迫使命，再度成为城市发展研究的焦点。大规模重化工业整体转型的每一步探索，都蕴含对超大城市未来发展模式的深刻思考与创新实践。

　　自浦东开发开放以来，上海的城市定位始终处于动态演进中，这一过程深刻彰显城市发展战略与国家宏观政策之间的紧密关联。从早期聚焦国际经济、金融、贸易"三个中心"的建设，到成功构建"四个中心"的发展格局，再到如今全力迈向国际经济、金融、贸易、航运、科技创新"五个中心"的宏伟战略目标，上海始终坚定不移地在国家经济发展和对外开放的宏大格局中，依托区域发展战略，勇立潮头，发挥引领示范作用。

　　在"五个中心"的战略框架下，上海基于"中心辐射、两翼齐飞、新城发力、南北转型"的空间布局，精心谋划并着力打造"四向"战略空间。大吴淞地区作为其中不可或缺的重要组成部分，其转型发展具有举足轻重的战略意义。从传统的高碳钢铁产业向产业转型示范区、智能智造引领区、绿色低碳样板区的系统转变，绝非简单的产业结构调整，而是一场涉及城市功能全面重塑、生态环境显著改善与空间品质大幅提升的综合性、系统性变革。这一转型过程集中体现了城市发展从粗放型转向集约型、从传统产业主导转向创新驱动的升级，为上海乃至全国城市的转型发展提供了具有借鉴意义的实践样本。在这一全面的重塑和变革中，规划理念和策略路径的探索至关重要。

本书的编写团队——大吴淞地区责任规划师团队，是"三师"联创和规划编制工作的牵头团队，也是大吴淞地区整体转型的深度参与者与全程见证者。他们凭借丰富的实践经验，综合运用城市规划学、生态学、经济学、土地资源学等多领域专业知识，通过多学科交叉融合，对大吴淞地区的转型发展进行了全面、深入、细致的研究，通过大量翔实的案例分析、全面的数据支撑以及深入的理论探讨，构建了大吴淞地区未来发展的战略框架体系。

　　值得一提的是，书中重点阐述从"三师"联创到"多师"联动的工作组织模式，深度探索了"高水平规划资源工作服务超大城市治理"的大吴淞模式，创新性地引入规划师、建筑师、景观师、经济师、策划师的专业力量，从制度设计、技术创新以及风险防控等多个维度，为城市更新提供了全方位、多层次的技术保障。

　　大吴淞地区作为"四向"重点区域中首个获批专项规划并率先进入实施阶段的区域，其在转型发展过程中所积累的丰富经验和创新举措，具有重要的实践价值和指导意义。通过对这一过程的全面回顾与系统总结，能够为其他同类地区提供有益的借鉴和参考。期待大吴淞地区在未来的发展道路上，能够继续秉持创新精神，深化理论研究与实践探索，不断总结经验、完善方法路径，形成一套在成片战略性地区整体转型中具有普适性的理论与方法体系，为上海加快建成具有全球影响力的社会主义现代化国际大都市贡献更多智慧与力量。

周俭
全国工程勘察设计大师
同济大学建筑与城市规划学院教授、博导

前言

　　深入学习贯彻党的二十届三中全会精神和习近平总书记考察上海重要讲话精神，全面落实十二届市委五次、六次全会精神和市委、市政府工作部署，聚焦"五个中心"建设重要使命，围绕"南北转型"发展战略，上海市规划资源局、宝山区政府、浦东新区政府组织国内外高水平专业团队，突出国际视野、世界标准，坚持高起点规划、高水平设计、高质量建设、高标准管理，共同编制了《大吴淞地区专项规划》，并着力推动规划建设实施工作。

　　2023 年 5 月 8 日，上海市委主要领导在宝山区吴淞创新城开展专题调研时指出，加快南北转型，是振兴上海老工业基地、构建城市发展新格局的战略之举，要坚定信心、保持定力，强化系统观念、注重整体谋划，推动宝山转型发展不断走深走实，更好成为长三角一体化发展的重要节点、全市发展的重要战略空间、城市核心功能的新引擎。要坚持规划引领，深化功能布局，把握开发时序，成熟一块、开发一块、建成一块，注重战略留白。

　　大吴淞地区位于长江、黄浦江、蕴藻浜三江交汇处，跨外环线南北与中心城交接，以独特的门户枢纽区位，承载着上海未来发展的希冀与期待。《大吴淞地区专项规划》是上海全市首个突破区级行政边界的重点地区专项规划，规划范围以吴淞创新城为核心，向北纳入高铁宝山站枢纽，向东纳入黄浦江与长江交汇处的一江两岸门户区域，向西纳入蕴藻浜两岸低效用地，总用地面积约 110 平方公里。面朝江海、展望全球，大吴淞地区扼守长江入海口，是落实长江经济带和长三角一体化国家战略要求的重要门户，是统筹对内开放和对外开放两个"扇面"的关键枢纽。面向市域、重塑格局，作为上海"一核一环四向"战略空间新格局中的重要组成部分，规划整体塑造上海主城区北部重大产业战略空间、"高铁站 + 邮轮母港"复合交通枢纽和黄浦江、长江口交汇处城市门户格局。面向未来、高点定位，大吴淞地区将打造成为生态基底品质优越、创新创造功能集聚、滨水空间魅力彰显的上海产业转型示范区、智能制造引领区、绿色低碳发展样板区，塑造城市核心功能的新引擎。

　　大吴淞地区规划建设，是系统探索上海城市规划理念和方法创新的重要契机，对全市其他重点地区规划建设具有借鉴意义。本书主要总结了两个方面的实践做法，一是强化穿透思维，探索高质量规划编制实施新理念。通过编制贯穿总体规划、详细规划、实施行动等多个层次并整合生态、市政、交通等多个领域内容的《大吴淞地区专项规划》，研究制定配套的《大吴淞地区规划资源行动推进方案》，实现从整体到局部、从目标到行动、从蓝图到实施的系统性贯通；二是强化系统集成，打造高水平规划资源服务新模式。探索建立大吴淞地区"责任规划师团队"制度，牵头组织协调集成联创设计工作，统筹协调专业技术团队开展"零类"融合用地、产业用地"两评估、一清单""标地营造""复合基底"等规划资源领域新机制和新方法的首创试点，对大吴淞地区高质量规划建设实施开展全过程技术把关和跟踪评估。

按照规划编制和实施逻辑，本书依次分为历史和现状分析、工作模式和机制创新、规划理念和方法创新、规划方案展示等 4 个部分、9 个章节展开。第 1 至 2 章回溯大吴淞地区明清时期历史人文脉络及行政区划变迁，并梳理大吴淞地区近代以来从工业化到后工业化的发展转型过程，对新发展格局下大吴淞地区发展目标和功能定位进行再认识。第 3 至 4 章归纳大吴淞地区规划设计机制创新，结合"三师"联创、穿透式规划、产业用地综合绩效评估、土地储备新机制、标地营造、规划土地弹性管理、场地调查和污染治理等工作模式和机制方法在大吴淞地区的先发试点和示范应用，总结提炼形成可借鉴、可推广的新方法、新举措。第 5 至 7 章选取绿色低碳、创新产业和"复合基底"等工作，集中展现《大吴淞地区专项规划》在绿色低碳、整体转型、立体城市等方面的创新探索。第 8 至 9 章展现中央绿谷、十里画卷等核心蓝绿空间廊道和吴淞门户地区、未来岛地区、高铁宝山站周边地区等重点更新区域的创作理念和营造方案。

　　两年来，市、区两级有关部门齐心协力、紧密协作，共同推进大吴淞规划建设实施工作走深走实，城市空间框架茁壮成长，重大功能项目加速导入，各类开发建设项目密集开工，城市面貌发生新变化，新引擎作用逐步显现，一幅幅令人向往的未来城市美好生活场景正徐徐展开。鉴于编者的眼界和水平，本书疏漏之处敬请指正。在此，谨以此书向所有参与、参加、关心此项工作的单位、个人和领导、专家、设计师及社会各界表示诚挚的感谢！

编者
2025 年 5 月 8 日于上海集成营造中心

楔子

　　大吴淞的"大"字，道出门户枢纽的历史使命——推动向内向外开发，既是"上海的"，更是"世界的"。这也意味着，位于城市北端的上海之门——"大吴淞"，要面朝江海、展望全球，成为一座科创之城、智造之城、低碳之城。

　　为什么是"大吴淞"？最直接的原因，是大吴淞地区从城市风貌、功能布局到产业结构亟待改善。但要真正读懂"大吴淞"，要把眼光放高、放远。大吴淞坐拥黄浦江和蕴藻浜，又临长江、靠东海，历史上是渔港、军港、商港，是上海地区的重要门户枢纽。如今，在上海强化"五个中心"建设，深入参与全球竞争的进程中，大吴淞地区的区位优势日益突出。

　　向内，看黄浦江。在这条"人民之江"城市核心功能集聚带上，大吴淞地区与复兴单元一道，嵌入科创功能、完善布局、提升能级，以吴淞创新城为重点区域，适当扩大研究范围和规划范围。作为黄浦江与长江交汇处，将一江两岸作为城市门户区域一并纳入研究。

　　先打好蓝绿环境底子，塑造水网和绿脉，再营城——这是适应大吴淞地区的规划逻辑。从环境切入，以水网和绿地为边界，形成一系列空间尺度在 1～2 平方公里的城市洲岛，结合城市功能，形成风貌特色，可以扭转吴淞地区"灰色"的传统印象，激活地区价值，促进转型发展。

　　未来真实的吴淞会是什么样子？这里是自长江而来的"上海第一瞥"——宝山在左岸，现代办公、工业遗存高低错落，一派产业焕新蓬勃之景；浦东在右岸，有密林、水系、绿地、文化艺术，人们穿行其间，怡然自得。浦江两岸，一高一低、一刚一柔的布局，将在城市北门户呈现。

目　录

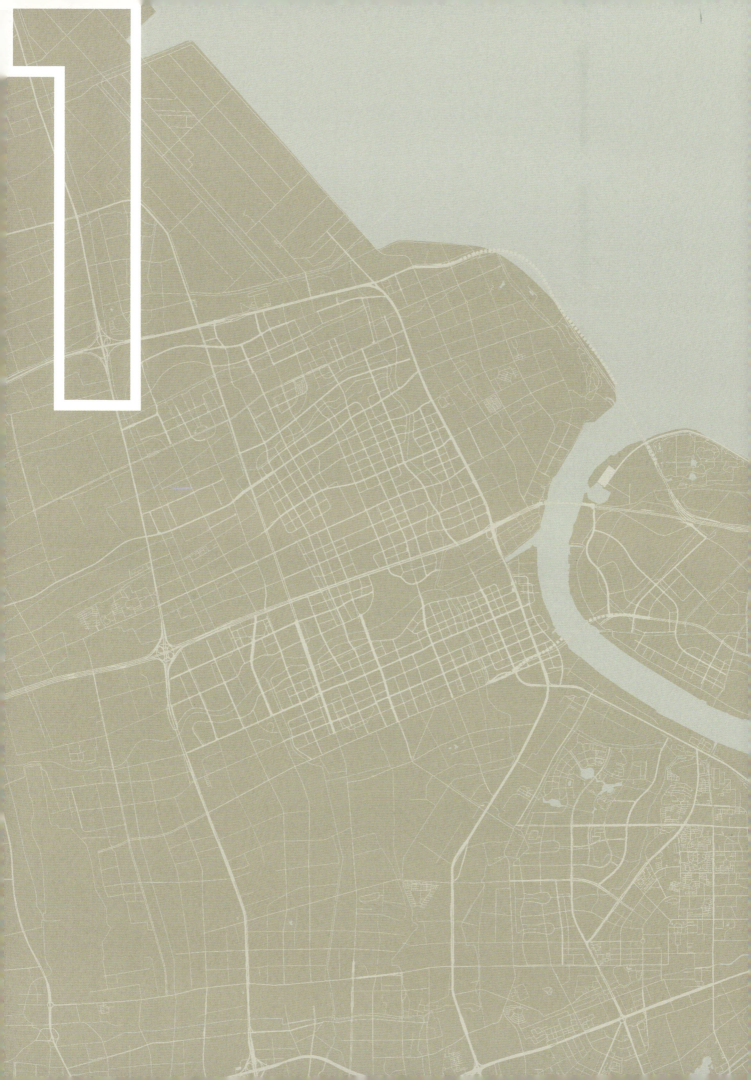

三水交汇

宝山、吴淞和三岔港

大吴淞地区包含宝山、吴淞、三岔港三地。这些对上海人都未必熟悉的地名，隐藏着北上海的历史密码，而空间则是一把解读这些密码的钥匙。三地成陆的历史相同，地理位置相近，战时地位相似，造就了共同的民风——这里的人民，在与台风、海浪的长年搏击中，练就了乘风破浪的胆识勇气；在抵御外敌入侵的战争中，养成不畏强暴的光荣传统。解锁近千年来这片地区的海防史、开埠史、战斗史，将帮助我们理解这座钢铁"国门"，推开横跨一江两岸的厚重"城门"，领略上海城市发展规律的"门道"——为什么老宝山在浦东的高桥地区；为什么上海的地名中不再有"吴淞"；为什么在讨论大吴淞问题时要涉及三岔港……

同属一县（1928 年之前）

　　大吴淞所在境域在唐宋时，属吴郡昆山县。南宋嘉定十年（1217）起，属嘉定县。清雍正二年（1724）自嘉定县析出，建宝山县，与老县嘉定同城而治。次年，朝廷特准新县分治，高桥地区也因此改隶宝山县。

　　本文所指的宝山县，除特别说明外，均指民国十七年（1928）析出吴淞乡和高桥乡之前的范围，即旧江（今称虬江）以北的地区，涵盖宝山、吴淞、三岔港（高桥北部）、江湾、长兴等地区，主要原因是当时的宝山边界与自然地理成因较为相符，代表了江南海塘东侧、黄浦江漫滩的大部分地区。

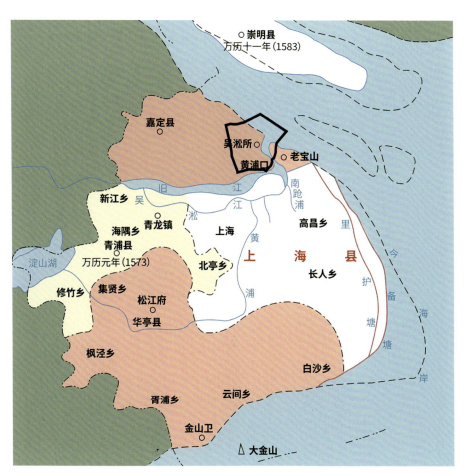

明代的上海地区［以旧江（今称虬江）为界，旧江以北地区同属嘉定县］
资料来源：《上海市地图集》（1997）

宝山县属长江三角洲冲积平原，位于三角洲东缘，到宋中期（11世纪中叶），县境陆地全部成陆。上海解放后在月浦镇和高桥镇的老宝山城都曾发现南宋墓葬，距今900多年，成为宝山县城、吴淞镇、五角场一线已经成陆的佐证。明代后期至今的300多年来，海岸坍没严重，没有淤积出大规模滩地成陆，也是上海海床深水航道的组成部分。

明永乐十年（1412）三月，平江伯陈瑄奉旨筑土山于今高桥镇东北15华里（约7500米）处。据《练川图记》记载，"初筑山时，距海三里（1500米），山基以巨木为柱，垒土而成，高三十丈（约100米），方广（意为面积）百丈（约333米），山顶平坦"，可见其雄伟。同年五月，明成祖朱棣写下碑文，并命人勒石成碑，即"御制宝山碑"，宝山之名随之而生。为了给长江上的船队指引方向，土山之上又建一处烽堠，昼举烟、夜明火，为往来海船引航，是我国海运史上较早的灯塔。

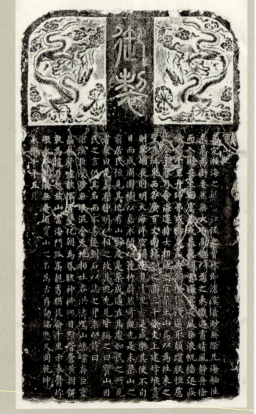

明成祖御制宝山碑记

[明] 朱棣

宝山之口嘉定濒海之墟,当江流之会外即沧溟浩渺无际凡海舶往来,最为冲要.然无大山高屿,以为之表识.遇昼晴风静,舟徐而入,则安坐无虞.若或暮夜,烟云晦冥,长风巨浪,帆樯迅疾,倏忽千里.舟师弗戒,瞬息卷失,触坚胶浅,遄取颠踬,朕恒虑之.今年春,乃命海运将士,相地之宜,筑土山焉,以为往来之望.其址东西各广百丈,南北如之,高三十余丈.上建烽堠.昼则举烟,夜则明火,海洋空阔,遥见千里.于是咸乐其便,不旬日而成.周围树以嘉木,间以花竹,蔚然奇观.先是未筑山之前,居民恒见其地有山影,及是筑成,适在其处,如民之所见者.众曰:是盖有神明以相之,故其兆先见,皆称之曰宝山.因民之言,仍其名而不易,遂刻石以志之.并系以诗曰:沧溟巨浸渺无垠,混合天地相吐吞.洪涛驾山嵬嵘奔,巨灵贔屃声嘘欻,挥霍变化朝为昏,骇神禢魄目黯瞢.苍黄拊髀孰为援,乃起兹山当海门.孤高靓秀犹昆仑,千里示表郁烀燉.永令汛济无忧烦,宝山之名万古存.勒铭悠久同乾坤.

永乐十年五月

《御制宝山碑》上文字，根据碑文原文记录，标点符号为编者所加　　《御制宝山碑》（拓片）馆藏上海历史博物馆
摄影：唐吉慧

　　遗憾的是，宝山自古多兵灾水患，万历十年（1582）的大潮彻底冲毁了这座土山，所幸万历四年（1576）时，石碑已移入位于浦东的宝山老城，得以保存下来。石碑现存放在 1927 年筹建的高桥公园（今高桥中学）内。

　　万历四年（1576），为了抗击倭寇，高桥地区亟需建造一座军事要塞，便在老宝山西麓筑城。据《上海名镇志》记载，经过两年时间，一座周长四百九十五丈（约 1650 米），高二丈六尺二寸（约 8.6 米）的堡城终于建成。城设四门，皆有城楼。敌台、窝铺、吊桥、护城壕等防御设施一应俱全。这是上海第一个宝山卫城，称为明代宝山城。建成短短四年，初代宝山城被一次特大海潮破坏，宝山城也被冲毁，最终于康熙八年（1669）全部没入海中。

　　今天人们看到的古城遗址是清朝重建的版本。康熙三十三年（1694），高桥地区出于军事需要，再造一座宝山城，为海防驻军之所，城内河道可泊船，城外河道通江海。1984 年，老宝山城被列入上海市文物保护地点，2014 年成为上海市文物保护单位，遗址位于浦东新区杨高北一路 285 号。用于屯兵的海防城堡作为文保单位，这在上海是一则孤例。

清乾隆十一年（1746）版《宝山县志》中绘制的《县境全图》，此图下北上南，清楚标注了"宝山"（宝山卫城）、宝山县治、胡巷镇（后来的吴淞所城）的位置。这张图将蕰藻浜写为"蕰草浜"，与现名相比，更接近"水草丰茂小河"的原意
资料来源：宝山区档案馆馆藏

20 世纪 70 年代的老宝山城南门拱券
资料来源：上海市测绘院

2024 年 3 月的老宝山城仅有南门一带城门城墙尚存
摄影：戚颖璞

宝山字样的铭文墙砖（图中自上而下第六行、从左向右第二块）
摄影：戚颖璞

　　馆藏于美国国会图书馆的纸本彩绘《江南海塘图》（1752）详细描绘了黄浦江自吴淞口至上海县城河段，清楚表达了宝山县治、清代宝山城的区位关系，标注了其与上海城的边界。其中西侧堤岸为防海石塘，旁有注文："乾隆十三年（1748）动帑加筑民挑土圩自虬江起至胡巷口南岸止长三千二百九十余丈（约 11 公里）"，位置大约在今天蕴藻浜到军工路的滨江一线。这里提到的"胡巷口"，也称"胡巷镇"，即吴淞所城，位于现在的吴淞街道。

　　吴淞位于宝山县的东南角，是吴淞江出海口附近地区的泛称，向来有"水陆要冲，苏松喉吭"之称。公元 10 世纪前后成陆，明洪武十九年（1386），明朝政府为抵御倭寇在此建立吴淞江守御千户所，这是吴淞地区的第一座城堡，也是"吴淞"地名的由来，早于"宝山"的命名。明万历年间的《嘉定县志》中，即将吴淞江守御千户所的所城列入市镇之列。康熙十七年（1678），千户所被裁撤，但"吴淞"之名却留了下来。因此，凡是在宝山建县之前提到吴淞，所指的即是吴淞江守御千户所的所城。清光绪十九年(1893)绘制的《芜湖和上海之间的打猎区及宁波乡间图》清楚显示了当时宝山县及其隶属的吴淞所城高桥镇，已形成一江两岸共同守卫吴淞口的"上海之门"格局。值得注意的是，此时蕴藻浜仍写作旧名"吴淞江"。

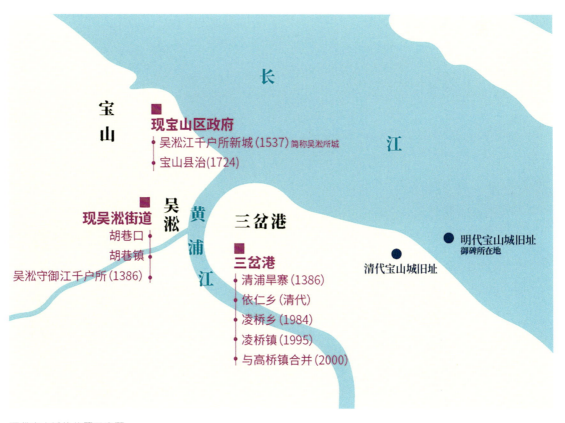

两代宝山城的位置示意图
资料来源：作者自绘

宝山县治　　　　　吴淞所城　　清代宝山城

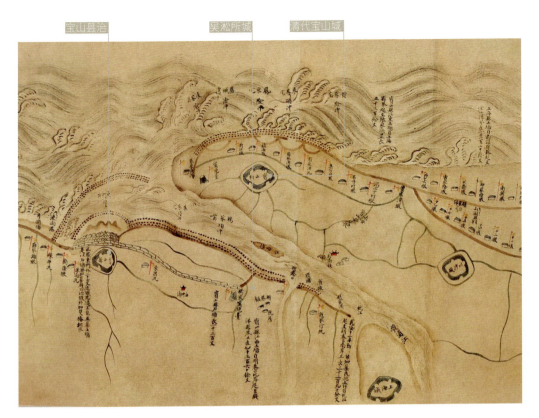

《江南海塘图》（1725）局部
资料来源：《黄浦江古今地图集》（2024）

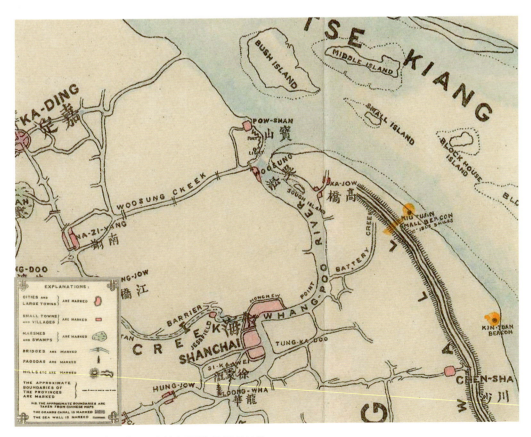

《芜湖和上海之间的打猎区及宁波乡间图》局部（1893）
资料来源：《上海城市地图集成》

1.2 三分境域（1928－1988 年）

　　1928 年，原属于宝山县的闸北、江湾、殷行、吴淞、真如、高桥、彭浦 7 个市乡划归上海特别市，其中吴淞乡、高桥乡从宝山县中划出，分别改称吴淞区和高桥区。自此，吴淞口两岸同属一县的历史宣告结束。除划入上海的部分，宝山县其他区域仍属江苏省。

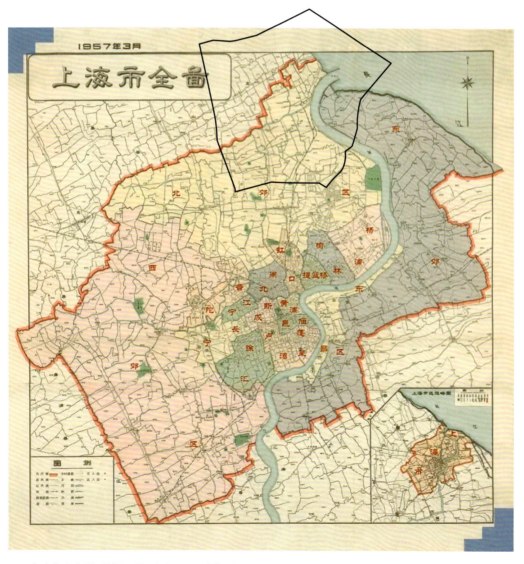

1957 年上海市全图，吴淞区并入北郊区，三岔港区域纳入东郊区
资料来源：《上海市行政区划变迁图集（1949—2019）》（2019）

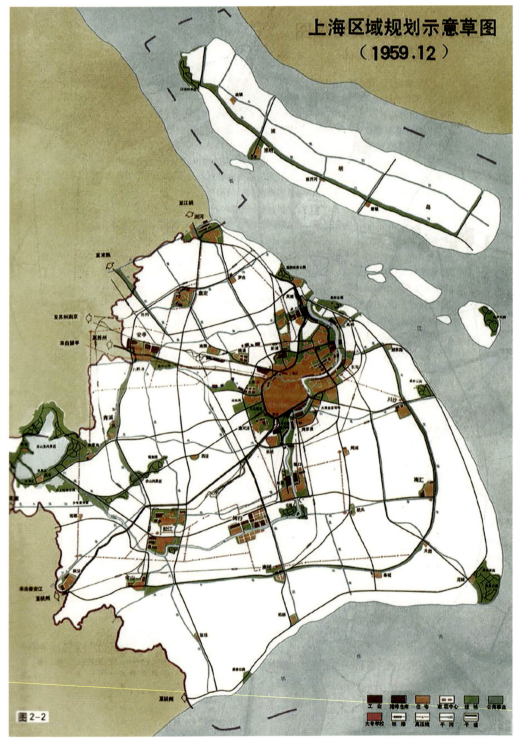

上海区域规划示意草图（1959 年 2 月）

资料来源：《循迹启新：上海城市规划演进》（2007）

1949 年后，吴淞区经历三建三撤。1956 年，吴淞区并入北郊区，辖吴淞镇及周围农村，以农村地区为主；三岔港所在的高桥区纳入东郊区。蕴藻浜以北大部分区域仍属江苏省宝山县，尚未纳入上海行政边界。

1958 年，为推动沿海工业基地，国家支持上海建设工业和科学技术两大基地，引领国家工业发展。同时，为解决上海市辖区面积狭小、人口众多等发展瓶颈，国务院批准将历史上与上海关系密切的江苏省的嘉定、宝山、上海、川沙、青浦、南汇、松江、奉贤、金山、崇明 10 个县相继划入上海，上海行政区划范围达到今天的规模。是年，浦东首次作为一个行政区出现，东风公社（包括凌桥、海滨、高东、高南四乡和高桥镇合并）被划入浦东。宝山县黄浦江以西的区域在撤县改区之后，组成了如今的宝山区。

以此为背景，1959 年《上海市总体规划草图》提出，在吴淞建设以化工、医药、燃料、冶金为重点的卫星城市，重建吴淞区，建设以国营大工业为主的城市区。1964 年上半年，吴淞区领导和管理的工业、商业划归市有关工业局和公司管理后，区建制撤销。

1978 年宝山钢铁总厂在长江口南岸动工兴建，吴淞被列为上海市重点建设的北翼，重点发展钢铁和能源。1980 年，为全面规划地区建设，并加强管理，保证宝钢等重点工程的顺利进行，在宝钢地区办事处的基础上，再次建立吴淞区，境域黄浦江口推进至长江口沿岸，属管理地方行政的城市区。

1928 年之前宝山县的区划范围
资料来源：根据《宝山县志》（1992）绘制

1928 年宝山县、吴淞区和高桥区的区划范围，
吴淞区和高桥区划出宝山县
资料来源：根据《宝山县志》（1992）绘制

1958 年宝山县和东风公社（高桥）的区划范围，
这一年，江苏省的宝山县、川沙县等 10 县划归
上海；凌桥乡、海滨乡、高东乡、高南四乡和
高桥镇合并，成立东风公社，隶属浦东县
资料来源：根据《宝山县志》（1992）绘制

1980 年再次恢复吴淞区
资料来源：根据《宝山县志》（1992）和《上
海市行政区划变迁图集（1949—2019）》绘制

1.3

分江而治（1988 年至今）

1980 年重建的吴淞区与宝山县的境域犬牙交错，而宝山县的县级机关又驻在吴淞区境内，形成"一块土地，两个主人"的局面。1988 年，为理顺行政关系，统一规划地区建设事业，经国务院批准吴淞区与宝山县"撤二建一"，成为今天的宝山区。

改革开放后，上海进入快速发展期。随着浦东开放开发进入实质性启动阶段，浦东地区原有的行政区划和管理体制难以适应发展需要。1992 年 10 月 11 日，国务院批复设立上海市浦东新区，撤销川沙县，浦东进入开发开放大时代，三岔港所在的凌桥乡就在这时纳入浦东新区的版图中。

三岔港位于凌桥乡西北侧，得名于黄浦江畔的主要渡口。三岔港村凌桥乡在古时也称"清洲"，清末开始属高桥乡。2000 年，凌桥镇与高桥镇合并，建立了新的高桥镇。

宝山、吴淞、三岔港同时位于吴淞口两翼、黄浦江入海口。正如《宝山碑记》所书"江流之会，外即沧溟"，我们思考区域未来定位之时，不能忘记"一江两岸、三水交汇、上海之门"的特殊地缘，以及其担负的北上海转型发展的职责。

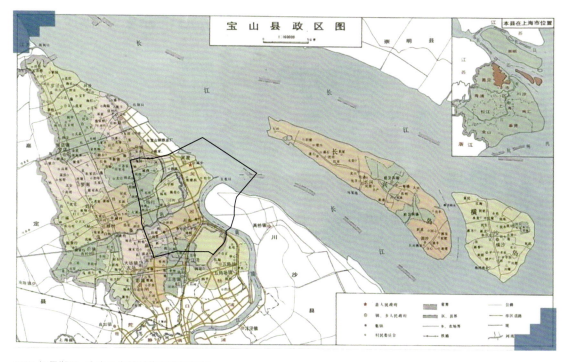

1988 年吴淞区、宝山县合并时的行政区划图
资料来源：《上海市行政区划变迁图集（1949—2019）》

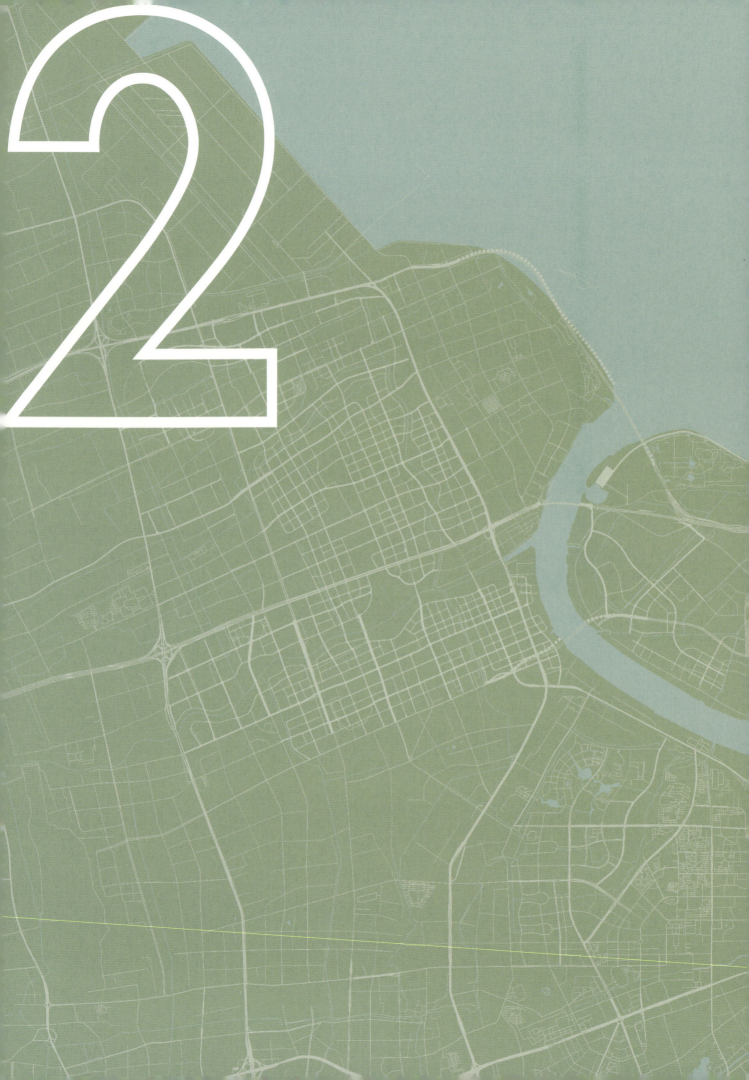

上海之门

一江两岸跨江联动

直至 20 世纪 30—40 年代,吴淞地区的发展仍集聚在宝山城、吴淞镇和滨江岸线一带。相对低廉的土地价格,较为成熟的市政配套,加上淞沪铁路带来的交通便利,成就了一座工商业繁荣的小镇和我国最早的"大学城"。然而也正是因为吴淞重要的战略区位,这里又多成为兵家必争之地,"一·二八"事变、"八一三"事变中,吴淞均被战火波及,城市建设大受破坏,校舍遭到损毁,学校被迫内迁,百花齐放的"吴淞大学城"也不得不画上句号。而这,或许正是吴淞地区近现代曲折之路的一个缩影。

尽管如此,优越的地理区位始终是吴淞的核心特征,一旦动荡过去,这里很快再次成为一片热土,不断迎来新的发展契机,始终呼应时代的发展要求。2012 年前后,结合上海的钢铁产业调整,曾长期扎根吴淞地区的钢铁生产逐步停息,吴淞地区再一次迎来了走在时代前沿的新机遇。

2.1

工业化时期的吴淞

1898 年和 1920 年，吴淞两次自主开埠尽管都以失败告终，但各种实践与努力依然有力推动了吴淞的工业化和城市化，也令吴淞在近代成为上海周边工业发达的地区。淞沪铁路两侧、蕰藻浜北岸沿线一带，聚集了当时吴淞镇的多家近代工业企业。至 20 世纪 30 年代，吴淞聚集着中国铁工厂、铁路修理厂、永安及华丰纱厂、中国制糖厂等多家企业，职工数量接近万人，是当时上海最大的工业区之一。

2.1.1 自主开埠：工业化和城镇化的发端

1843 年上海开埠后，由吴淞口进出黄浦江的商船数量与日俱增，吨位也越来越大。据统计，1844 年，经吴淞抵达上海的商船有 44 艘，总吨位 8584 吨。5 年后的 1849 年，这个数字达到了 127 艘，44026 吨，年均增长率高达 30% 和 50%。

随着上海港重要性的日益提升，黄浦江泥沙淤积带来的问题也逐渐暴露。不少外轮被迫在吴淞口长时间等待，涨潮后方能进入黄浦江，运输成本随之陡增。于是便有了先在吴淞卸下货物，随后通过陆路或内河交通分散运输至各地的设想。由于当时吴淞镇隶属江苏省宝山县，不属上海县，不在开埠范围内，因此无论是外轮在吴淞停泊、装卸货物，还是外商在吴淞建立码头、货栈，均属于非法行为。于是，19 世纪末，西方列强多有将吴淞开辟为商埠之议。

在此背景下，为了"隐杜觊觎，保全主权"，将吴淞开埠的主动权掌握在自己手中，1898 年 9 月，清政府主动将吴淞设为商埠，并成立了吴淞开埠工程局，后者成为近代吴淞市政机关的开端，由苏松太道蔡均兼任该局督办。"开埠地段北自吴淞炮台起，南至牛桥角止。（蕰藻）浜北以泗泾河为界，（蕰藻）浜南以距浦三里（约 1500 米）为界，自行筑路，设埠作为中外公共商埠。"在确定开埠界址之后，吴淞开埠工程局一方面出台多项关于洋商租地的章程，另一方面则开始在吴淞修筑道路，至 1900 年，不到两年间，修筑了包括外马路（今淞浦路东段）、上元路（今塘后路）、新宁路（今塘后支路）、常熟路（今水产路）在内的 9 条道路，并建成了横跨蕰藻浜的吴淞大桥，有力改善了淞沪间的交通条件。

吴淞市政建设如火如荼之际，清廷在八国联军侵华战争战败后被迫签订《辛丑条约》，其中明确规定设立相关机构专事疏通黄浦江河道。在此情况下，吴淞因黄浦江淤塞、航道受阻而形成的有利地位被大大削弱。此外，吴淞系自开商埠，所颁布开埠章程中未给予列强政治、经济、司法等特权，造成外国资本投资吴淞的热情不高，各种因素之下，吴淞首次开埠很快无疾而终。

尽管世纪之交的这次开埠未能收获预想效果，但留下的种种成果令地方士绅看到开埠对于吴淞的积极意义。1920 年 11 月，吴淞地方人士宣布吴淞第二次自行开埠，并于次年 2 月成立吴淞商埠局，聘请张謇担任吴淞开埠督办。此后，吴淞商埠局继续推动市政建设，修筑道路，兴办实业，吴淞地区迅速呈现一派繁荣景象。

遗憾的是，1924 年 9 月 3 日，江浙战争爆发，吴淞成为战场，江苏督军齐燮元（1885—1946）旗下第四混成旅吴恒瓒部在此大肆劫掠，四处纵火，吴淞之精华被付之一炬，第二次开埠无奈告终。

■ 百年铁路

《上海黄浦指南图》（1924）中显示的淞沪铁路（前身是吴淞铁路）是中国的第一条营运铁路，全长 14.5 公里。清光绪二年（1876）以英国怡和洋行为首的英国资本集团擅自修建，翌年清政府赎回拆除，光绪二十三年（1897），清政府以官款按吴淞铁路原线路走向，再建淞沪铁路，光绪二十四年（1898）建成通车，沿途设宝山路、天通庵、江湾、高境庙、吴淞旗、张华浜、蕴藻浜、吴淞镇、炮台湾，共 9 座车站。

"一·二八"淞沪抗战时，淞沪铁路沿线站屋全部损毁，线路桥梁被炸。停战后，线路修复，但沿线站屋延至 1934 年才重新建成，客货运输逐步恢复至战前水平。

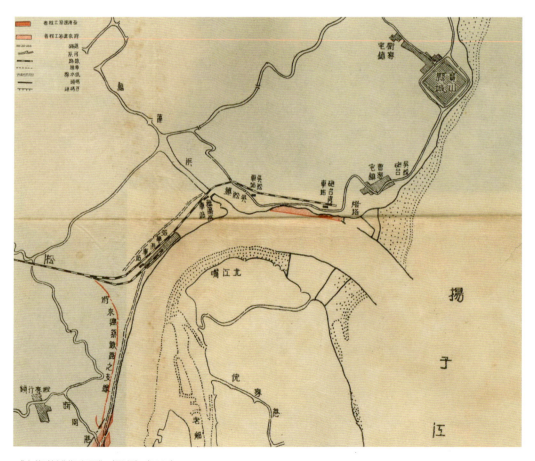

《上海黄浦指南图》（局部）（1924）
资料来源：《上海城市地图集成》（2017）

百年军事

　　清顺治十七年(1660)，江南总督郎廷佐(?—1676)奉命在黄浦江西岸吴淞杨家嘴口修筑炮台(位于今吴淞炮台公园内)。清康熙五十七年(1718)又在对岸修筑炮台，两座炮台夹江对峙，东岸的炮台称东炮台(位于今三岔港)，西岸的老炮台改称西炮台。鸦片战争后，海防形势发生变化，防御设施集中于黄浦江西岸，东炮台未再修复，西炮台屡加改建。1932年"一·二八"淞沪抗战中，十九路军将士在炮台奋勇战斗，日军飞机大炮对准吴淞炮台轮番轰炸，两座炮台被毁。吴淞炮台与天津大沽口炮台、海口秀英炮台、虎门炮台并称为中国海岸的四大古炮台。

《上海暴日侵沪战区地图》(局部)(1932)
资料来源：《上海城市地图集成》(2017)

百年工商

　　尽管前后两次开埠都以失败告终，但各种实践与努力依然有力地推动了吴淞的近现代化、城市化，也令吴淞在近代成为上海周边工商业较为发达的地区。其中，传统商业、手工业多集中于淞沪铁路以东、以南区域（今同济路东，外环隧道南），尤以吴淞大街（今淞兴路）沿线及蕴藻浜北岸一带商行、店铺最为集中，鱼行、木行、竹行、货栈、报关行、铁器铺、船具行等鳞次栉比。

　　淞沪铁路两侧、蕴藻浜北岸，则聚集了当时吴淞镇的多家近代工业企业，宝明电灯公司等企业沿蕴藻浜一字排开，顶峰时期职工总数超过万人。

　　抗战期间，侵华日军于1938年11月在吴淞区的赵家浜，用刺刀赶走在当地居住的农民，强占良田50余亩（3.3公顷左右），抓来民工400余人，强行建造"日亚制钢株式会社吴淞工场"。

日亚制钢株式会社吴淞工场
资料来源：金色炉台

华丰纱厂1号楼，建于1929年，二层砖木结构，在装饰艺术（Art Deco）艺术风格中融入传统中国元素，建筑外立面为清水砖墙，窗户周围装饰图案丰富，初建时为纱厂职员医务办公楼。
资料来源：上海发布

■ 百年教育

除了较为发达的工商业，吴淞在近代还是一处教育重镇，被誉为上海历史上最早的"大学城"。比如淞沪铁路吴淞镇站以北，同济路西侧，就是当时同济大学的校址所在。

除了同济大学，吴淞还曾是多所当下上海高校的发源之地。中国公学是清末革命党人在上海创办的学校，1907 年，清政府于吴淞炮台公地拨地百余亩。1927 年，国人创办的第一所国立医学院——国立第四中山大学医学院（简称中大医科）亦在吴淞诞生，即今复旦大学上海医学院的前身。

坐拥江海交汇之地利，吴淞还孕育了两所因海而兴的学校：吴淞商船学校（1909，今上海海事大学）、江苏省立水产学校（1912，今上海海洋大学）。江苏省立水产学校（俗称吴淞水产学校）始建于 1912 年，位于今塘后路以西，水产路以南。水产路之得名，即在于此。

上海市工务局制《上海市全图》（1934）局部，结合图中标注和其他地图旁证，笔者标注主要教育设施和工业设施的位置及名称
资料来源：《上海城市地图集成》（2017）

同济大学大礼堂及工科教学楼
资料来源：上海城建档案

复旦大学上海医学院创办时的第一栋教学楼
资料来源：上海城建档案

江苏省立水产学校外景
资料来源：上海城建档案

中国公学
资料来源：吴淞发布

2.1.2 近代规划：重要的港口和工业区

　　辛亥革命后，孙中山先生撰写的《建国方略》集中书写了他对中国工农业、交通等实现现代化的宏大理想，书中提出建设东方大港的设想。上海作为当时远东第一大城市和国内外经济交流的枢纽，自然也是东方大港的候选之一。孙中山先生设想：从上海浦东东北部的高桥河与黄浦江交汇处，开挖一条弧形运河，让从长江或东海进入上海的轮船通过这条浦东运河直溯黄浦江中游，并将弯而又有大量泥沙淤积的黄浦江下游填埋，在新河道转弯最急的地方，开辟一块面积巨大的土地作为港区。在这个设想中，孙中山先生已经注意到黄浦江航道淤积和航运需求增长的问题。实际上，上海港口中心的布局确实存在不断向下游移动的过程。至孙中山写作的 1918 年，上海的港口中心已经从十六铺、苏州河、虹口沿岸慢慢北移，吴淞已经形成新的港区。

　　抗日战争时期，日本侵略者陆续编制《最新大上海地图》（1939）、《大上海都市建设计画图》（第一期，1940）、《大上海都市计画（开凿蕴藻浜贯通苏州河计划图）》（1940）、《最新大上海地图》（1943）等，旨在加强对吴淞口地区的控制和建设，一是在距蕴藻浜南北两侧各 1 公里处，距南、北泗塘 3 公里处开挖平直河道，建设工业区，作为日亚制钢株式会社吴淞工场的扩建和延续；二是在工业区的外围建设居住区，与工业区之间用绿带隔离，并建设若干公园；三是开凿蕴藻浜贯通苏州河，进一步强化吴淞地区的港口功能，拓展面向吴淞江沿岸前往内陆腹地的航运能力。值得注意的是，在以上图纸中，皆称蕴藻浜为吴淞江。

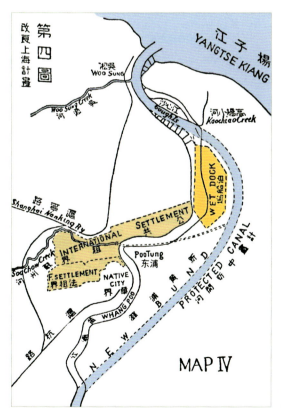

新开运河建设港区的设想示意图
资料来源：《建国方略》（2014）

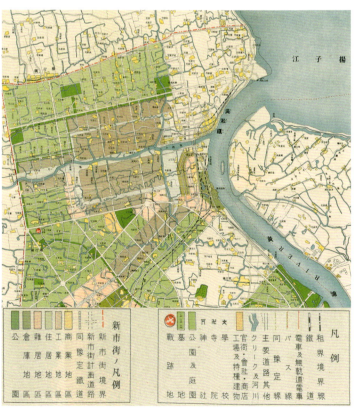

《最新大上海地图》（1939）局部
资料来源：《上海城市地图集成》（2017）

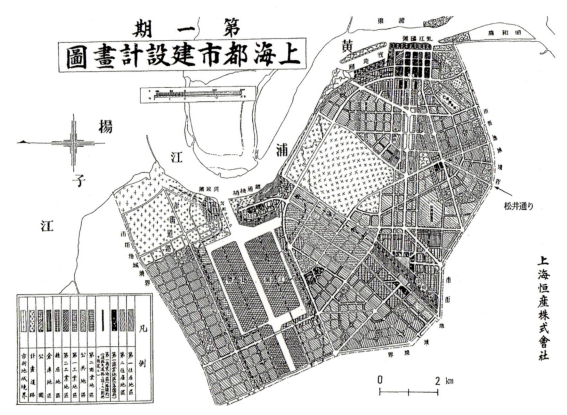

《大上海都市建设计画图（第一期）》（1940）
资料来源：《日据时期"上海都市计画案"的编制及其特征与影响》（2017）

《最新大上海地图》（1943）局部
资料来源：《上海城市地图集成》（2017）

抗日战争胜利后，上海市工务局组织编制《大上海都市计划》，从1945年10月"集思广益、奠立始基"，到1949年6月总图三稿说明书完成，1950年7月经上海市市长陈毅批准刊印。在《大上海都市计划》中，44次提到"吴淞"、5次提及"宝山"，均聚焦工业和港口两方面内容。

在工业方面，二稿中提到，工业应向郊区迁移，"总图计划将新市区分布在现有城市的周围，而用绿地带将之分隔。这些新市区都是工业区，吴淞则是以港口收入和运输的经营来维持那一区居民的生计。"

在港口方面，二稿和三稿均作了充分讨论，并认为"本市主要港口集中吴淞蕴藻浜口，其他港埠码头处于辅助地位"；"挖入式码头估计面积约2300公顷，岸线共约105000英尺（约32000米）"；"由于铁路之联系，可不妨碍上海整个道路系统及区域规划，且可藉蕴藻浜之水流冲刷淤积"。

由于种种历史原因，《大上海都市计划》对吴淞的设想未能实现，但它作为上海城市历史研究的重要一页，可供吴淞未来发展参照。

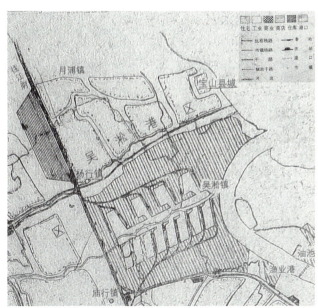

《上海市土地使用及干路系统总图二稿》（1947）局部
资料来源：《大上海都市计划》（2014）

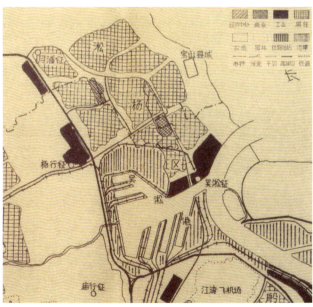

《上海市都市计划三稿》（1949）局部
资料来源：《大上海都市计划》（2014）

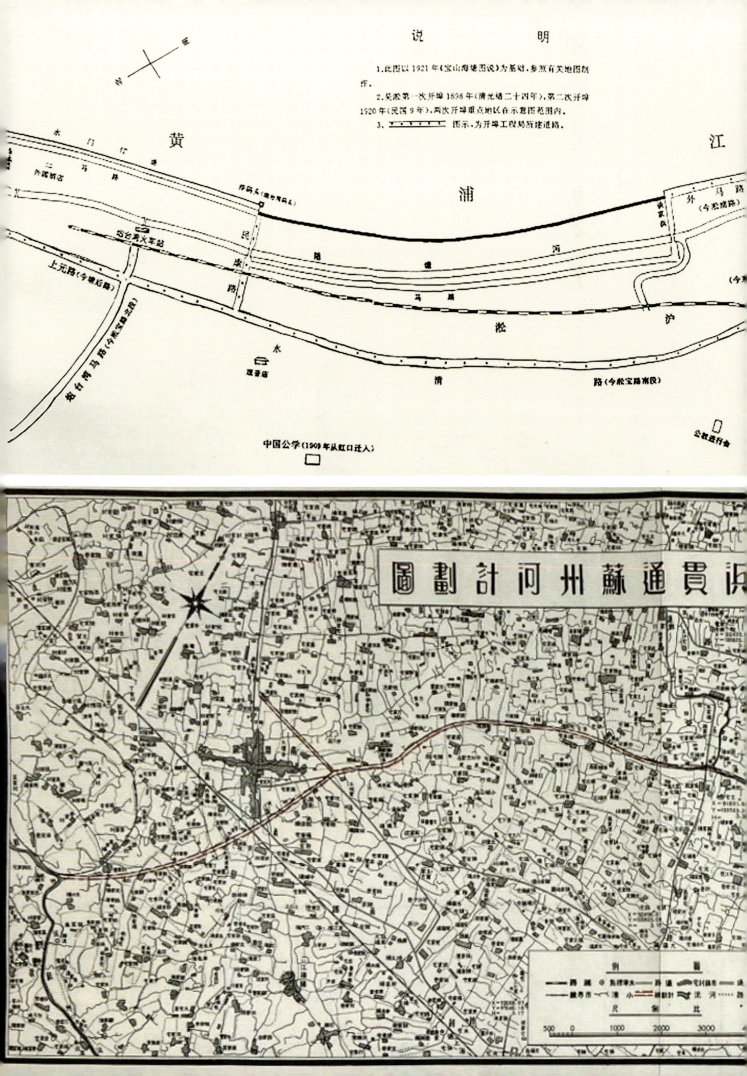

吴淞开埠地区示意图

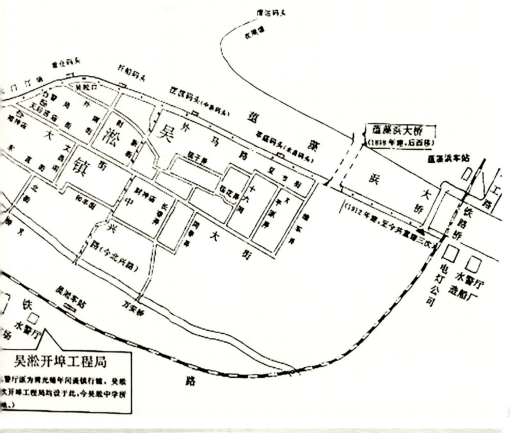

《吴淞开埠地区示意图》
资料来源：《吴淞开埠百年》（1998）

《开凿蕴藻浜贯通苏州河计划图》（1940）
资料来源：《上海城市地图集成》

1949 年 6 月成立"上海钢铁公司第一厂"，1955 年更名为"上海第一钢铁厂"（上钢一厂）
资料来源：金色炉台

1959 年 3 月和 9 月，两座 255 立方米高炉拔地而起，结束了解放后上海有钢无铁的历史
资料来源：金色炉台

1991 年 3 月 22 日，750 立方米高炉出第一炉铁水
资料来源：金色炉台

1999 年 10 月 8 日，2500 立方米高炉建成投产，结束了上钢一厂铁、钢不平的历史 资料来源：金色炉台

2.1.3 1949 年后：建设重工业基地

为扩散市区工业和疏解市区人口，吴淞被列为上海 10 个近郊工业区之一，全市一批冶金、化工等重大建设项目纷纷在吴淞落户，吴淞工业区逐渐形成。吴淞工业区的工厂大多集中在蕴藻浜两侧和同济路以西地区，地跨淞南、吴淞和月浦东部，有部属、市属钢铁、造船、纺织、化工、造纸、能源等大中型工厂企业 150 多家，职工 12 万人。其中大型企业有 31 家，包括上钢一厂、上钢五厂、上海钢管厂、铁合金厂、东海船厂、新华造纸厂、上海硫酸厂、吴淞化工厂、吴淞水泥厂、吴淞煤气厂、上棉八厂、中外合资的上海—易初摩托车厂等。

企业	建厂年份	厂区面积（公顷）	建筑面积（万平方米）	职工人数（最多时）	主要产品
上海第一钢铁厂（上钢一厂）	1938	250	50	2 万余人	热轧钢板、钢管、型钢等
上海第五钢铁厂（上钢五厂）	1958	229	59	2 万余人	特殊钢等
上海钢管厂	1958	12	7	2800	无缝钢管、焊接钢管、镀锌钢管等
上海铁合金厂	1958	37	—	4600	复合铁合金、特种铁合金等
东海船舶修造厂（东海船厂）	1915	22.66	—	3300	挖泥船、消防船、引航船等
新华造纸厂	1934	11.14	5.1	—	文化印刷用纸
上海硫酸厂	1948	24	8.5	—	硫酸、保险粉、医药中间体、燃料中间体等
吴淞化工厂	1933	21	6.75	3072	气体、电石、酰氯
吴淞水泥厂	1958	10.51	4.91	1200	水泥
吴淞煤气厂	1938	—	—	2200	煤气
上海第八棉纺织厂（上棉八厂）	1919	—	—	9600	纯棉高支物
上海易初摩托车厂	1985	—	—		摩托车及相关发动机，品牌包括"幸福"系列

吴淞基本主要企业基本情况
资料来源：《吴淞区志》（1996）

■ 钢铁产业

1949 年，"日亚制钢株式会社吴淞工场"更名为"上海钢铁公司第一厂"，全厂 200 多名职工积极响应党的号召，不到两个月，就炼出了上海解放后的第一炉钢。1957 年 3 月更名为"上海第一钢铁厂"，当年钢产量达 24.23 万吨，占上海全市的 49.37%。

20 世纪 50 年代大吴淞地区作为上海城市中心工业和人口扩散的重点地区，先后建设了上海玻璃厂、上海颗粒肥料场、上钢五厂、上海钢管厂、上海铁合金厂等一批重点企业，成为上海重要的新兴工业区之一。特别是 1978 年宝山钢铁总厂在长江岸边新建后，吴淞地区成为上海乃至全国重要的钢铁和能源基地，为新中国的工业化作出了重要的贡献。

在 80 余年的发展历程中，中国炼钢工业史上的数个"第一"在此诞生：1959 年建成上海第一个炼铁高炉；2004 年炼出第一炉碳钢；2010 年建立世界上第一个炼铁、炼钢、热轧、冷轧联合生产线。

棉纺产业

　　大中华纱厂筹建于1919年，由聂其杰（1880—1953）、聂其琨（1888—1980）兄弟招股1000股兴办，股本白银100万两，在蕴藻浜北泗塘河东购地150亩（约10公顷）建厂，1922年正式投产，设备量为10万纱锭，是当时上海纱厂中生产能力最大的一家。华丰纱厂筹建于1920年，由王正廷、张英甫（生卒年不详）等人集资白银100万元创办，位于大中华纱厂东首，占地100余亩。1921年6月建成投产，有细纱车100部，纱锭25600枚，日夜班工人1000余人。

　　两家纺织企业创办之后经历多次并购更名，1949年中华人民共和国成立后，大中华纱厂成为公私合营永安第二棉纺厂，华丰纱厂成为国营上海第八棉纺织厂。1958年，两厂合并组成新的国营上海第八棉纺织厂，成为上海纺织工业的重要力量。

　　20世纪八九十年代，世界纺织业向发展中国家转移，中国纺织业获得飞速发展。1988年，上棉八厂总产值17712万元，位列上海纺织系统第61位；出口产值5912万元，位列上海第32位；容纳劳动力9945名，位列上海第12位。20世纪90年代中期至21世纪初纺织行业进入调整与转型时期，从1994年开始，棉纺行业开展一场以"压锭减产"为目标的大调整；2006年12月，上海第八棉纺织厂破产终结。2011年，大中华纱厂及华丰纱厂旧址被宝山区人民政府公布为宝山区文物保护单位，2014年被上海市人民政府公布为上海市文物保护单位。

上棉八厂车间
资料来源：上海宝山

化工产业

吴淞化工厂是国内规模最大的生产全部空气制品的专业工厂,原称中国炼气厂,是全国最早生产工业气体和电石的工厂之一,创建于 1933 年 5 月,1957 年迁现址,改称今名。工厂产品有气体、电石、酰氯 3 个系列 16 种产品,是当时全国电石产量最高企业,产品销售至全国各省、市、自治区,并有出口。1987 年,该厂同英国氧气公司集团(British Oxygen Company, BOC)建立中外合资上海比欧西气体工业有限公司,经市外经贸委确认为先进技术企业。

上海硫酸厂产品广告
资料来源：上海宝山

吴淞化工厂产品广告
资料来源：上海宝山

吴淞化工厂车间
资料来源：吴淞发布

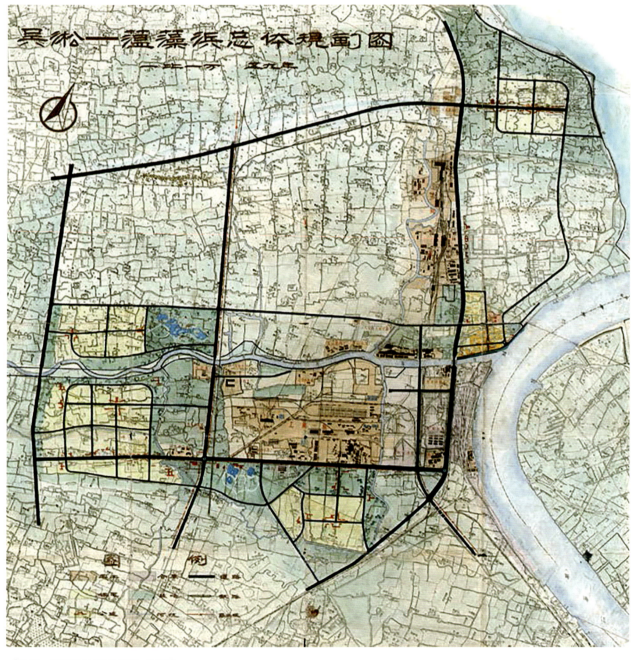

《吴淞—蕰藻浜总体规划图》（1959）
资料来源：《循迹启新：上海城市规划演进》（2007）

产业和空间规划

1958 年，蕴藻浜两岸规划吴淞—蕴藻浜工业区。1959 年，上海市城市建设局城市规划设计院 [今上海城市建设设计研究院（集团）有限公司] 编制《吴淞—蕴藻浜总体规划》，规划范围位于蕴藻浜西侧，其中工业区主要集中于东北部，居住区位于西南部，规划蕴藻浜达到通航 3000 吨驳船。在日亚制钢株式会社吴淞工场的基础上，扩大原先工厂的场地，拓展钢铁产业生产和研发。

1977 年，冶金工业部决定在沿海地区建设一个大型钢铁基地，总用地面积 11.5 平方公里。1978 年的《宝山钢铁总厂外围工程及宝山地区规划》中，规划范围南至蕴藻浜，北至长江，西至蕴川路，南北长 20 公里，东西宽 3～7 公里。规划区域面积 80 平方公里，规划了 3 个居住区（宝山、月浦和果园宿舍区）。当时，吴淞区和宝山县的边界犬牙差互，在工业布局和居住品质方面存在一定问题。

1983 年（两区合并前）编制完成的《吴淞区总体规划》提出，吴淞区是以钢铁和外贸港口为主的卫星城，至 2000 年规划人口 35 万人，用地 61 平方公里。全区划分为北、中、南 3 大片工业区和相应的居住区，1 个区中心。

1988 年（两区合并）编制的《吴淞工业区总体规划》中指出，吴淞工业区占地面积 21 平方公里，含冶金、化工、轻工、纺织、机电和建材等工业企业 40 余家，工业产值约 31.1 亿元，职工 8.55 万人。厂区和科研单位用地约 7.0 平方公里，其中市属工业企业 30 多家，职工约 8.33 万人。规划把吴淞建设成为以冶金为主（包括有色金属加工和铸造），兼有其他工业的综合工业区，职工总数达到 27 万人。至此，吴淞工业区的规模达到最终状态，也与后来的吴淞创新城范围基本一致。

1992 年编制的《宝山区城市总体规划》以 1998 年吴淞和宝山合并为背景，旨在于较大范围内优化工业和居住空间的关系，提出宝山以钢铁冶炼、港口能源为主导，具有多种产业、环境良好的新市区，是中心城工业和人口疏散的主要基地，是地区行政、经济、文化中心。

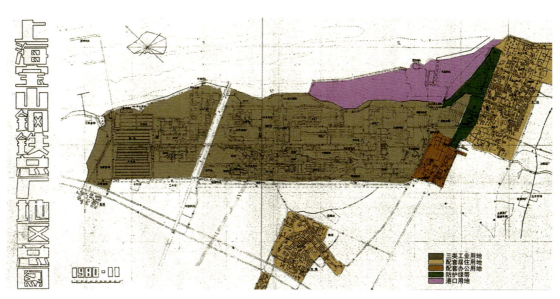

《上海宝山钢铁总厂地区总图 》（1977）
资料来源：《循迹启新：上海城市规划演进》（2007）

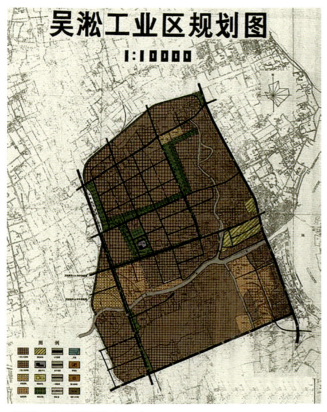

《吴淞工业区规划图》（1988）
资料来源：《循迹启新：上海城市规划演进》（2007）

《吴淞总体规划图》（1983）
资料来源：《循迹启新：上海城市规划演进》（2007）

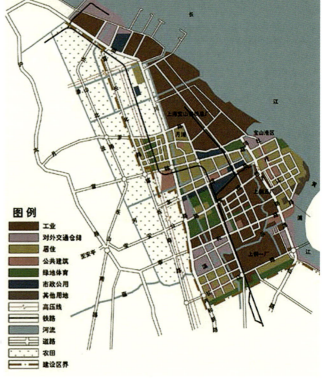

《宝山城市总体规划图》（1992）
资料来源：《循迹启新：上海城市规划演进》（2007）

2.2 21 世纪的新吴淞

如果说 20 世纪下半叶是吴淞完成工业化和快速城市化的 50 年，那么，始于 21 世纪（尤其是 2012 年后）的后工业化，是创新驱动、转型发展时期，吴淞亟需面对发展阻滞、转型阵痛等棘手问题。黄浦江航运定位和产业功能的转变，是触发两岸地区更新转型的核心逻辑。

2.2.1 "上海 2035" 新理念

2017 年，《上海市城市总体规划（2017—2035 年）》获国务院批复，简称为 "上海 2035"。作为十九大之后国务院首个批复的超大城市总体规划，"上海 2035" 响应国家发展的新理念与新要求，同时针对上海自身的发展和规划体系建设，进行创新和探索。"上海 2035" 提出 "卓越的全球城市，令人向往的创新之城、人文之城、生态之城" 的发展愿景，以及 "我国直辖市之一，长江三角洲世界级城市群的核心城市，国际经济、金融、贸易、航运、科技创新中心和文化大都市，国际历史文化名城，并将建设成为卓越的全球城市、具有世界影响力的社会主义现代化国际大都市" 的城市性质。

与以往的城市总规相比，"上海 2035" 将国际化提升到了更高层次，同时涵盖了区域协同和区域一体化，具有更大的视角。提出了 "底线约束、内涵发展、弹性适应" 的发展模式转型要求，在全国率先提出规划建设用地负增长，强调实施创新驱动、推动城市更新、提升城市品质、推进城乡一体。

在空间结构方面，强调长江口、东部沿海、杭州湾北岸及环淀山湖等战略协同区，促进宝山、崇明、海门、启东，嘉定、昆山、太仓等跨界地区的协作发展。优化长江口地区产业布局，严格保护沿江各城市水源地，推进沿江自然保护区与生态廊道建设。

在一直以来坚持的多中心发展模式基础上，进一步形成 "一主、两轴、四翼；多廊、多核、多圈" 的市域总体空间结构。以中心城为主体，强化黄浦江、延安路—世纪大道 "十字形" 功能轴引导，形成以宝山、虹桥、川沙、闵行四个主城片区为支撑的主城区，承载上海全球城市的核心功能。强化沿江、沿湾、沪宁、沪杭、沪湖等重点发展廊道，培育功能集聚的重点发展城镇，构建公共服务设施共享的城镇圈，实现区域协同、空间优化和城乡统筹。在此过程中，在 "十一五" 期间被纳入当时上海九个新城建设的宝山新城，连同闵行新城一道，因贴近中心城区而成为中心城拓展区，被纳入主城区范围内，地区能级得到提升，成为上海全球城市核心功能向沿江、沿海方向服务和辐射的桥头堡。

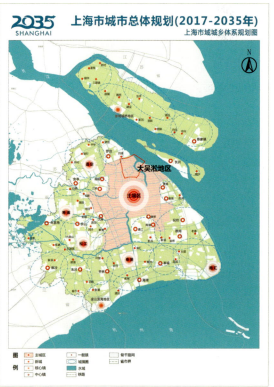

大吴淞地区在"上海 2035"近沪地区协调格局中的位置,向北面向长江口地区

资料来源:《上海市城市总体规划(2017—2035 年)》(2017)

大吴淞地区在"上海 2035"城乡体系中的位置,是主城区的组成部分

资料来源:《上海市城市总体规划(2017—2035 年)》(2017)

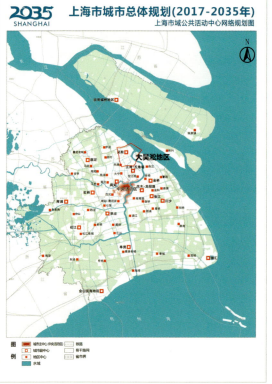

大吴淞地区在"上海 2035"空间结构中的位置,是沿江发展廊道上的重要节点

资料来源:《上海市城市总体规划(2017—2035 年)》(2017)

大吴淞地区在"上海 2035"中心体系中的位置,承载吴淞城市副中心

资料来源:《上海市城市总体规划(2017—2035 年)》(2017)

同时，在城市公共中心方面，在 1999 版城市总规徐家汇、花木、五角场、真如四大城市副中心的基础上，进一步完善形成中央活动区 + 城市副中心的中心体系。其中，中央活动区作为全球城市核心功能的重要承载区，重点发展金融服务、总部经济、商务办公、文化娱乐、创新创意、旅游观光等功能，加强历史城区内文化遗产和风貌的整体保护。包括吴淞在内的城市副中心则作为面向市域的综合服务中心，兼有全球城市的专业中心职能。

2023 年，习近平总书记在上海考察时强调，上海要完整、准确、全面贯彻新发展理念，围绕推动高质量发展、构建新发展格局，聚焦建设国际经济中心、金融中心、贸易中心、航运中心、科技创新中心的重要使命，以科技创新为引领，以改革开放为动力，以国家重大战略为牵引，以城市治理现代化为保障，勇于开拓、积极作为，加快建成具有世界影响力的社会主义现代化国际大都市，在推进中国式现代化的进程中，充分发挥龙头带动和示范引领作用。同年，上海市委书记陈吉宁调研吴淞时强调，要坚持规划引领，深化功能布局，把握开发时序，成熟一块、开发一块、建成一块，注重战略留白。要把产业转型升级作为重中之重，做优做精支柱产业，加快推动制造业向高端化、智能化、绿色化发展，抓紧布局新兴产业，加快培育集聚一批有核心竞争力的创新型企业，依托龙头企业做强产业集群。要把产城融合摆在城市更新更加突出位置，加快完善城市基础设施体系、提升公共服务水平、优化生态环境治理，不断增强群众获得感、幸福感、安全感。重点转型区域要统筹做好产业发展、功能承接、服务配套，更好解决职住平衡问题，不断满足创新创业需求。交通网络要更加便捷顺畅，以重大交通设施为牵引，打通对内对外连接。要积极探索绿色低碳发展，深化人民城市建设，打造更多亲水岸线，建设更多绿地公园，实施好城中村改造、推进好乡村振兴，建设环境更友好、生活更美好的宜居之地。要加强统筹推进、形成工作合力，深化央地合作对接，健全市区协调机制，以制度创新拓展发展空间，推动宝山转型发展再加速、再提升。由此，吴淞地区的转型发展逐渐驶上快车道。

2.2.2 后工业化转型探索

黄浦江是中国海运内河港，沿江原有 96 个万吨级泊位，具有修造船、仓库、码头一系列水运陆域配套功能。但是随着国际航运事业的快速发展，黄浦江的内河航道、吃水和码头已不能适应国际航运事业大型化和集约化的要求，上海港必须寻找外港来满足国际航运中心的要求。建设罗泾港和外高桥港，完善张华浜港，建设长兴岛和五号沟修造船基地仍不能适应上海的航运要求。2004 年规划建设大、小洋山港，使上海港真正具备国际航运中心的条件。

黄浦江航运功能的转变，使黄浦江真正成为可以亲近的"人民之江"。2001 年开展黄浦江北延伸段的规划研究。规划范围内黄浦江长约 13.3 公里，两岸规划总用地面积约为 35.8 平方公里，其中陆域面积为 28.07 平方公里。黄浦江两岸北延伸段地区是黄浦江核心区功能和空间的外延，将为核心区的功能确定和环境塑造奠定良好的外围基础，也为未来城市竞争力的进一步提高预留拓展平台。规划明确了以生态环境建设和现代工业企业建设为主的地区功能发展导向，突出现代工业、高科技研发、旅游、城市基础设施建设、生态以及城市发展储备等六大功能。

《黄浦江两岸北延伸段土地使用规划图》（2001）
资料来源：《循迹启新：上海城市规划演进》（2007）

《黄浦江两岸北延伸段功能布局分析图》（2001）
资料来源：《循迹启新：上海城市规划演进》（2007）

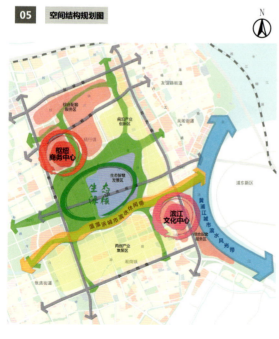

《吴淞创新城空间结构规划图》
资料来源：《吴淞创新城建设规划》（2020）

《吴淞创新城土地使用规划引导图》
资料来源：《吴淞创新城建设规划》（2020）

　　2012 年上海启动钢铁产业调整计划，市政府与宝钢集团就推进宝山地区产业结构调整签署合作协议。按照当时的调整要求，在 2012—2017 年实施上海宝山地区的钢铁产业结构调整，推进节能减排、促进产业与城市融合。调整后逐步转型，重点作为战略性新兴产业——新材料、节能环保等产业的发展基地。2018 年，上海市政府与宝武集团签署加强全面合作、推进吴淞地区整体转型升级的合作协议。

　　2017 年的"上海 2035"总规提出"卓越的全球城市，令人向往的创新之城、人文之城、生态之城，具有世界影响力的社会主义现代化国际大都市"的发展愿景和"五个中心"重要使命，吴淞地区由郊区产业区成为主城片区，并在其中规划设置城市副中心，重点培育航运、商贸、科教研发等核心功能，预留大型文化体育设施空间。

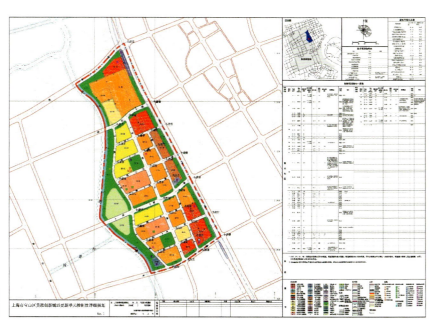

特钢区域控制性详细规划
资料来源：吴淞创新城建设规划

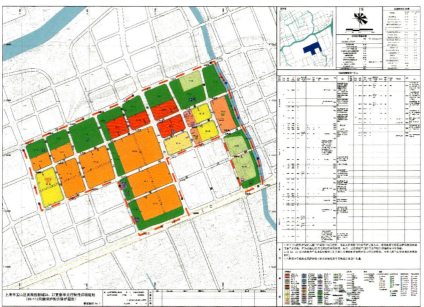

不锈钢区域控制性详细规划
资料来源：吴淞创新城建设规划

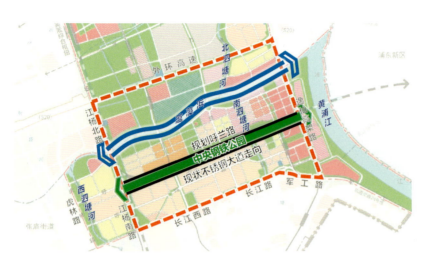

中央钢铁公园及周边区域景观设计范围
资料来源：吴淞创新城国际方案征集任务书

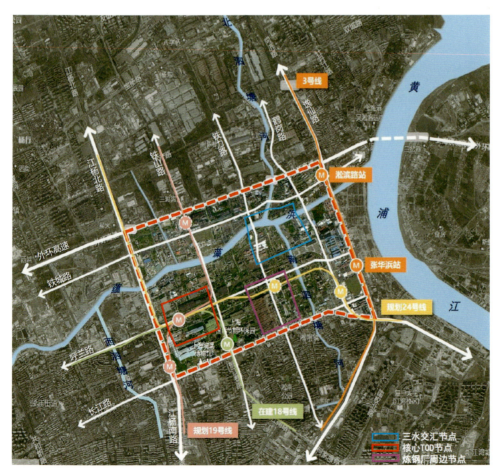

重点区域城市设计范围示意图
资料来源：吴淞创新城国际方案征集任务书

2018 年，吴淞与吴泾、高桥、南大、桃浦等区域一起被列为全市五大重点转型地区之一。进而在 2020 年，市政府批复《吴淞创新城建设规划》及特钢、不锈钢两片先行启动区控制性详细规划，大吴淞地区的转型发展正式启动。由于吴淞创新城囿于原吴淞工业区，缺乏黄浦江滨江岸线开发的支持，2020 年以来的更新以企业自主转型为主，无法撼动吴淞原有的工业环境，开发动能相对不足。

在此背景下，2021 年，宝山区政府联合宝武集团、上实集团共同举办吴淞创新城国际方案征集，涵盖以下三方面内容：

一是不锈钢地区功能策划暨重点区域城市设计，包括聚焦外环高速—逸仙路高架—长江路—江杨南路围合区域，约 9 平方公里，开展功能策划，重点考虑功能定位、产业策划、整体空间结构、道路交通优化、开放空间体系、地下空间利用、历史风貌保护等系统性内容；聚焦沿蕰藻浜、中央钢铁公园两条线形轴线两侧 200—500 米空间，重点关注东西向景观线形要素，在功能分区组织、视线景观廊道构建、标识性塑造、城市形态优化等方面深化；聚焦蕰藻浜、南泗塘、北泗塘三水交汇区域约 0.8 平方公里、轨道交通 18 号线和 19 号线换乘核心 TOD 区域约 0.7 平方公里以及重要历史遗存炼钢厂房周边约 0.7 平方公里三块重点区域，开展城市设计，重点关注建筑形态、街区环境塑造、标志性空间和建构筑设计、风貌遗存改造利用方案、景观空间细化设计等内容。

二是中央钢铁公园及周边区域景观设计。在吴淞创新城外环高速以南约 12 平方公里区域整体景观结构的基础上，具体开展中央钢铁公园范围（即规划呼兰路和现状钢铁大道之间为主的区域内）约 100 公顷的景观设计方案。

三是上海大学上海美术学院（吴淞院区）建筑方案设计。上海大学上海美术学院（吴淞院区）前期已确定选址于吴淞创新城内规划保留的型钢厂房旧址，该厂房整体长 860 米，最宽处宽 120 米，内部高度 20 米左右，征集方案将以文化引领、风貌保护、统筹发展为总体要求，结合上海大学上海美术学院发展愿景和功能需求，力求通过工业遗存的保护改造和活化利用，融入教育、文化、商业等功能，打造具有文化特色、艺术氛围和历史记忆的公共空间，形成集高校教育、国际交流、公共服务于一体的艺术地标。

型钢厂房现状航拍图

资料来源：吴淞创新城国际方案征集任务书

2023 年之前，大吴淞地区的规划设计和实施计划限定在吴淞创新城 26 平方公里，也就是原来的吴淞工业区范围内。"内陆"思维使得吴淞创新城缺乏长江沿岸、黄浦江滨水、邮轮母港等话题要素。另外，当时的转型思路可以归纳为"央地合作的'吴淞模式'"，过度依赖原有在地大型高规格企业，包括宝武在内的一批行业龙头企业，具有自主转型和资金雄厚、产业基础坚实的优势。充分利用好这些资源，做好产业升级转型，就是最好的产业导入和资金利用。

事实是，这是一个过于理想化的"算盘"。首先，区域内的 300 多家企业，每家都有自己的企业计划，对更新持不同看法，不可能每家都有实力大手笔投入转型；其次，土地权属套叠严重，城市更新的过程中，往往停留在厘清地块边界、确认土地权属的第一步；再次，地块规模差异巨大，地块之间犬牙交错，无法匹配规划路网，无法改善基础设施。"很多落地在吴淞的央企，其实是下属的三级公司。要先和属地的'孙子辈'公司沟通十次八次，经历长时间上下沟通后，才能到达总部层面，和'爷爷辈'沟通"，决策链条过长带来的时间成本和沟通成本无法估量，结果往往不尽如人意。因此，完全依靠企业自身转型，走渐进式更新的路径，对于又"大"（超大规模）又"硬"（国央企多）的吴淞创新城来说，结果往往不尽如人意。

尽管如此，近十多年来，已有部分点状更新开工建设或投入运营。半岛 1919 文创产业园是原上海第八棉纺织厂改建而成的市级文创产业园，集"三大主题"（历史建筑、工业文明、时尚生活）和"四大功能"（工业遗存及非遗体验、公共文化服务、休闲娱乐和旅游观光、创意办公）于一体。节能环保园为原热轧厂改建项目，囊括展示交易、研发创新、产业集聚、推广宣传、综合配套六大功能。但点状、零星、不成片的更新项目，不足以改变吴淞面貌、带动整体区域的转型发展。

特钢先行启动区
概况：占地约 1.04 平方公里，2020 年获批启动建设；
定位：集科创研发、生态文化、公共服务于一体的先行示范区，打造"智造＋创造"产业新平台；
重点项目：宝之云超算中心、宝武中央研究院、欧冶云商、宝信软件、宝武装备、宝武清洁能源等

不锈钢先行启动区
概况：占地约 1.24 平方公里，2020 年启动建设；
定位：吴淞文化创意和高端科技创新的两创产业先导区；彰显上海钢铁工业文明的文博休闲地标区、服务宝山中心城区的高品质活力区；
重点项目：上海国际能源创新中心、连铸厂房改造等

上大美院
概况：占地约 0.13 平方公里，由原有型钢厂改建；
定位：开放一共享一创新的园区、工业遗存活化利用的经典、服务市民美育和艺术教育的开放空间；
重点项目：教育核心、国际教育与艺术发展、配套馆群三大板块，多数艺术空间对公众开放

半岛 1919 文创产业园
概况：占地约 0.13 平方公里，由原上海第八棉纺织厂改建而成的市级文创产业园；
定位：三大主题——历史建筑、工业文明、时尚生活，四大功能——工业遗存及非遗体验、公共文化服务、休闲娱乐和旅游观光、创意办公；
重点企业：杨明洁工业设计博物馆、上海十一美术馆、麦司创意产业机构、涵客家居、梵卡烘焙生活馆等

上海国际节能环保园
概况：占地约 0.33 平方公里，2007 年底运营；
定位：绿色低碳产业园区，囊括展示交易、研发创新、产业集聚、推广宣传、综合配套六大功能
重点项目：上海科技网络通信有限公司、北京国能联合合同能源管理有限公司、上海千帆电子控制工程技术有限公司等

地区点状更新转型项目
资料来源：《大吴淞地区专项规划》

2.2.3 后工业化转型探索

2015 年以来，长江经济带、长三角一体化陆续上升为国家战略。上海作为这些战略中的龙头和核心城市，始终致力于通过自身的功能发展和能级提升，更好地发挥辐射带动作用。

2024 年年底，中共上海市第十二届委员会第六次全会指出，围绕推动高质量发展首要任务和构建新发展格局战略任务，聚焦建设"五个中心"重要使命，进一步全面深化改革，扩大高水平对外开放，推动经济持续回升向好，更好统筹发展和安全，深化人民城市建设，不断提高人民生活水平。认真做好 2025 年经济社会发展重点工作，聚力推动经济持续回升向好，加强政策措施协同联动；聚力落实国家重大战略任务，建设更高水平开放型经济新体制；聚力培育发展新质生产力，加快建设现代化产业体系；聚力转变超大城市发展方式，优化城市空间结构和功能布局；聚力建设美丽上海，坚定不移推进生态优先、节约集约、绿色低碳发展；聚力推进城市治理现代化，以高水平安全保障高质量发展；聚力增进民生福祉，着力推进普惠性、基础性、兜底性民生建设。

2025 年，上海市政府工作报告指出，聚力提高城市规划建设水平，加快转变超大城市发展方式。科学把握超大城市发展规律，坚持规划引领、系统推进，优化城市空间结构和功能布局，提升城市能级和品质。

优化城市发展空间。持续推动南北转型，强化吴淞创新城、南大智慧城、湾区科创城等重点转型区域功能升级。深化城市数字化转型。统筹数字新型基础设施建设和管理，打造大规模智能算力集群，加快构建国家级区块链网络上海枢纽，提升网络和数据安全保障能力。开展"人工智能 +"行动，实施"模塑申城"工程，推进制造、金融、教育、医疗、文旅、城市治理等一批人工智能应用场景建设。持续完善"一网统管"运行机制，夯实城市数字底座。

长江经济带和上海大都市圈的交会互动

2023 年 10 月，习近平总书记主持召开进一步推动长江经济带高质量发展座谈会并强调要完整、准确、全面贯彻新发展理念，坚持共抓大保护、不搞大开发，坚持生态优先、绿色发展，以科技创新为引领，统筹推进生态环境保护和经济社会发展，加强政策协同和工作协同，谋长远之势、行长久之策、建久安之基，进一步推动长江经济带高质量发展，更好支撑和服务中国式现代化。其中，上海的核心战略地位体现为示范带动、服务辐射、牵头协调。

其中，长三角城市群是长江经济带最东端的城市群，也是目前世界公认的六大城市群之一。以 2016 年《长江三角洲城市群发展规划》发布为标志，长三角区域的一体化发展上升为国家战略，并提出"一核五圈四带"的网络化空间格局。其中，"一核"为提升上海全球城市功能，引领长三角城市群一体化发展，提升服务长江经济带国家战略和"一带一路"国家倡议的能力；"四带"为沪宁合杭甬发展带、沿江发展带、沿海发展带、沪杭金发展带。

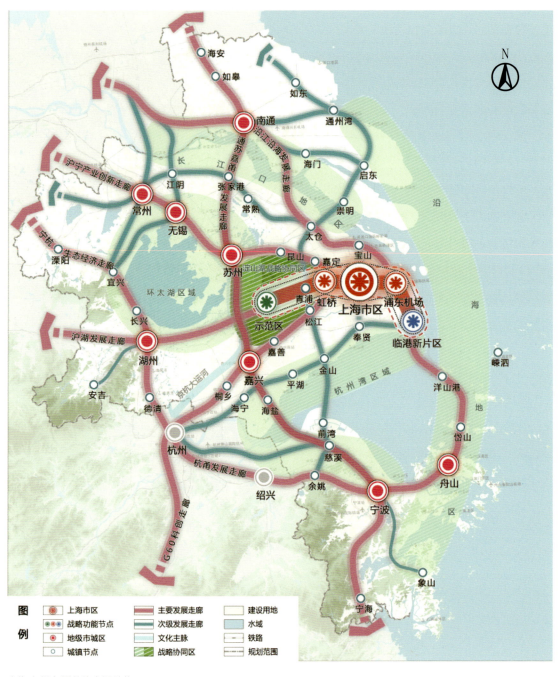

上海大都市圈总体空间结构
资料来源：上海大都市圈空间协同规划

2019 年，中共中央、国务院印发《长江三角洲区域一体化发展规划纲要》，提升上海服务功能。面向全球、面向未来，提升上海城市能级和核心竞争力，引领长三角一体化发展。围绕国际经济、金融、贸易、航运和科技创新"五个中心"建设，着力提升上海大都市综合经济实力、金融资源配置功能、贸易枢纽功能、航运高端服务功能和科技创新策源能力，有序疏解一般制造等非大都市核心功能。形成有影响力的上海服务、上海制造、上海购物、上海文化"四大品牌"，推动上海品牌和管理模式全面输出，为长三角高质量发展和参与国际竞争提供服务。苏浙皖各扬所长，推动城乡区域融合发展和跨界区域合作，提升区域整体竞争力，形成分工合理、优势互补、各具特色的协调发展格局。推动上海与近沪区域及苏锡常都市圈联动发展，构建上海大都市圈。

2022 年，上海市、江苏省、浙江省联合印发《上海大都市圈空间协同规划》，是党中央、国务院《关于建立国土空间规划体系并监督实施的若干意见》颁布实施以来，经自然资源部同意并指导，全国首个由省级地方政府、有关省辖市政府联合编制的跨区域、协商性的国土空间规划。其中，大吴淞地区所在的沿江沿海发展走廊，定位为大都市圈 7 条主要发展廊道之一，重点集聚国际航运、自贸服务、海洋产业、智能制造功能，引领海陆全方位开放，促进自贸区、国家级新区联动。同时，长江口地区作为大都市圈五大战略协同区之一，也强调以共建世界级绿色江滩为目标，注重保护长江流域生态环境，强化沿江港口协同与产业管控。

2023 年 11 月，习近平总书记主持召开深入推进长三角一体化发展座谈会并强调要抓好"四个统筹"，即统筹科技创新和产业创新、统筹龙头带动和各扬所长、统筹硬件联通和机制协同、统筹生态环保和经济发展，明确了"加强科技创新和产业创新跨区域协同、加快完善一体化发展体制机制、积极推进高层次协同开放、加强生态环境共保联治、着力提升安全发展能力"等五方面重点任务，要求推动长三角一体化发展取得新的重大突破。

据此，大吴淞地区处于上海对接长江经济带、长三角一体化、上海大都市圈等重大战略的关键位置，是上海面向大都市圈北翼长江口创新协同区的服务中枢，也是周边南通、太仓等城市对接上海全球城市的第一站。随着吴淞口国际邮轮港、高铁宝山站及沪通铁路二期、北沿江高铁等重大区域交通设施的落地，大吴淞地区的门户区位具备了重大交通设施的支撑，辐射区域、链接全球的能力进一步提升。

大吴淞地区国际及区域重大基础设施示
意图
资料来源:《大吴淞地区专项规划》

大吴淞地区与上海大都市区长江口创新
协同示范区的关系
资料来源:《大吴淞地区专项规划》

黄浦江全球城市核心功能带的延伸升级

黄浦江是上海的母亲河，是上海城市的标志性空间，是上海近代金融贸易和工业的发源地，也始终是上海全球城市核心功能集聚的重点空间，是上海高质量发展的标杆区域和"金名片"。黄浦江沿岸地区的发展变迁承载和展现了上海城市发展的活力历程。

2018 年，上海市规划和自然资源局发布《黄浦江沿岸地区建设规划（2018—2035）》，将黄浦江沿岸地区定位为国际大都市发展能级的集中展示区，具体来说是国际大都市核心功能的空间载体、人文内涵丰富的城市公共客厅、具有宏观尺度价值的生态廊道。其中黄浦江北延伸段下游区域突出科技研发、休闲创意功能。

近年来，随着城市核心功能不断由外滩—陆家嘴—北外滩向黄浦江上下游拓展，滨水地区由金融商贸向科技、创新、文化、生态复合功能演变的趋势也逐渐凸显。在此背景下，大吴淞地区有条件成为上海面向未来发展、对标最高标准的新兴战略性功能的集聚区。

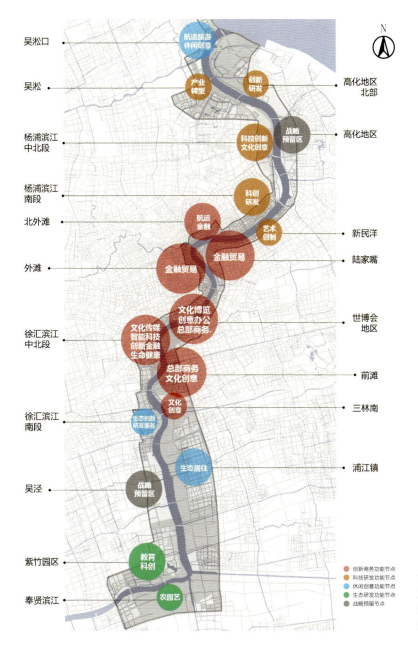

黄浦江沿岸主要产业功能节点布局图

资料来源：黄浦江沿岸地区建设规划（2018—2035）

三江交汇空间意象和三个转变发展理念

因此，基于浦江两岸空间的完整性、历史的关联性、功能的互补性、周边重大市政交通设施的协同性，本次规划设计工作在原吴淞创新城的基础上，进一步将北部高铁宝山站及国际邮轮港区域、南部蕴藻浜沿线区域、东部三岔港楔形绿地区域等纳入统筹研究，适当扩大规划范围至110平方公里，以大吴淞地区IP，整体谋划功能和空间布局，充分发挥协同联动效应，聚焦形成整体更新区域。

结合大吴淞地区的独特区位，《大吴淞地区专项规划》（以下简称《专项规划》）提出"三江交汇、上海之门"的地区标志意象，统筹考虑一江两岸功能结构和空间景观，浦东三岔港区域绿色开放，浦西吴淞区域功能集聚，两岸联动、错位互补、交相辉映。

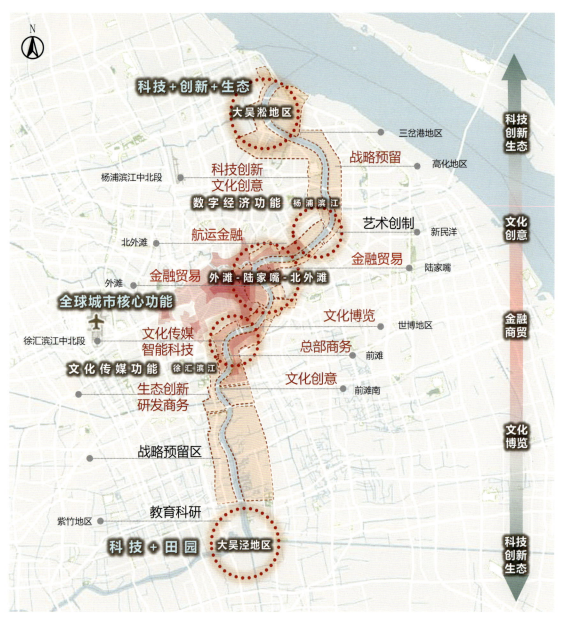

黄浦江沿岸城市核心功能布局示意图
资料来源：《大吴淞地区专项规划》

相应地，为了使大吴淞地区实现由一般地区向城市核心区的全方位更新蝶变，塑造彰显具有中华风范、江南风光、创新风尚的城市基因，本轮谋划突出发展理念的三个转变。

一是积极探索绿色低碳发展，深化人民城市建设，打造更多亲水岸线，建设更多绿地公园，建设环境更友好、生活更美好的宜居之地，突出高品质蓝绿空间营造，使大吴淞地区城市面貌由灰色变为绿色。

二是把产业转型升级作为重中之重，做优做精支柱产业，加快推动制造业向高端化、智能化、绿色化发展，抓紧布局新兴产业，加快培育集聚一批有核心竞争力的创新型企业，依托龙头企业做强产业集群，实现产业由钢铁冶金向智能智造转变，由"硬"变"软"。

三是把产城融合摆在城市更新的突出位置，按照高品质城区要求，统筹做好产业发展、功能承接、服务配套，更好解决职住平衡问题，使地区功能由单一变为复合，由厂区向城区转变。

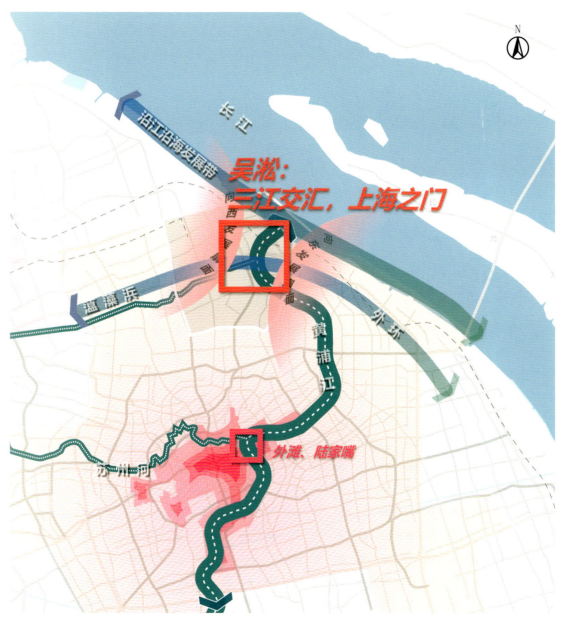

大吴淞空间意象示意图

资料来源：《大吴淞地区专项规划》

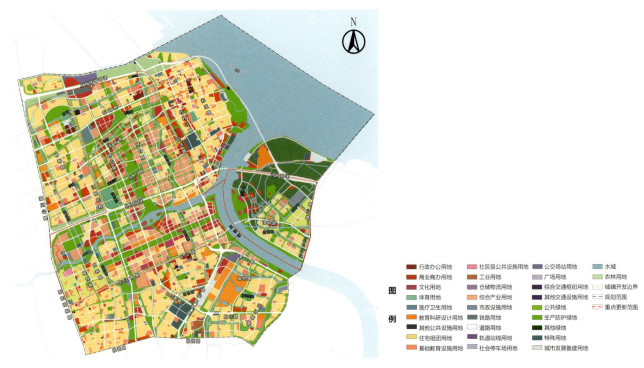

图
例

行政办公用地	社区级公共设施用地	公交场站用地	水域
商业商办用地	工业用地	广场用地	农林用地
文化用地	仓储物流用地	综合交通枢纽用地	城镇开发边界
体育用地	综合产业用地	其他交通设施用地	规划范围
医疗卫生用地	市政设施用地	公共绿地	重点更新范围
教育科研设计用地	铁路用地	生产防护绿地	
其他公共设施用地	道路用地	其他绿地	
住宅组团用地	轨道站线用地	特殊用地	
基础教育设施用地	社会停车场用地	城市发展备建用地	

大吴淞土地使用规划图示意图
资料来源：《大吴淞地区专项规划》

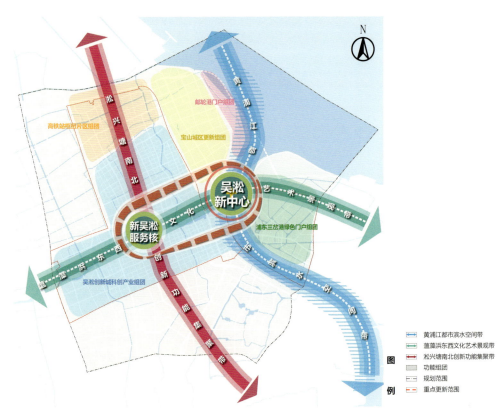

图
例

⟷	黄浦江都市滨水空间带
⟷	蕰藻浜东西文化艺术景观带
⟷	淞兴塘南北创新功能集聚带
▢	功能组团
⬚	规划范围
▭	重点更新范围

大吴淞空间结构示意图
资料来源：《大吴淞地区专项规划》

三江交汇、黄浦江沿岸北部门户的独特区位结合区域整体空间特点、基础设施条件，统筹考虑长江经济带国家战略和主城区功能格局、交通枢纽以及黄浦江两岸功能结构和空间景观，规划着力打造城市北部"三江交汇、上海之门"的标志形象和"蓝绿交织、清新明亮、城水共融、低碳睿智"的区域整体意向，形成"一核三带五组团、绿色开放融合式"的总体空间布局。

"一核"为黄浦江－蕴藻浜交汇区，浦东、浦西两岸功能联动、空间意向高低呼应，形成城市公共中心，承载主城区北部城市副中心功能；"三带"为一横两纵水绿交织空间带，包括黄浦江都市滨水空间带、蕴藻浜东西文化艺术景观带和淞兴塘南北创新功能集聚带；"五组团"重点突出特色功能导向，包括吴淞创新城科创产业组团、高铁站枢纽片区组团、邮轮港门户组团、宝山城区更新组团和浦东三岔港绿色门户组团；"绿色开放融合式"旨在强化尺度适宜、功能互补、格局清晰、特点鲜明的空间组织模式，彰显三江交汇的水上门户特色和水城共融、蓝绿交织的世界级滨水区域特色。

本次规划结合地区定位、空间结构，优化土地利用布局，促进城市功能融合。强化城市副中心的核心功能承载，强调滨水空间的高品质开发和改造，优化公共空间系统布局，保障科创产业发展空间，提升产城融合水平，锚固公共性、公益性服务设施。

用地结构方面，重点更新范围内，蓝绿空间占比约 38%。其中，宝山区重点更新范围内，总体形成 1/3 蓝绿空间、1/3 产业及配套服务空间、1/3 城市生活空间的功能布局。地区蓝绿空间规模较原规划不减少；浦东新区重点更新范围内，三岔港楔形绿地内，生态组团占比不小于 65%、开发组团占比不大于 35%。

静静守护在黄浦江畔的三岔港楔形绿地
摄影：外高桥集团（摄于 2023 年 10 月）

已经停产，等待新生的宝武不锈钢厂区
摄影：沈璐（摄于 2025 年 7 月）

集成营造

从「三师」联创到「多师」联动

绿色低碳　产业策划　绩效评估　航道工程　水利工程　基础设施　地下空间

专项研究 ⑦

反馈修正　任务书

空间战略

总体
层面

愿景格局

结构功能

纳
入

③
专项规划
（面向实施的
特定功能区）

总体城市设计

提升精度　稳定格局

专项设计 ⑧

六个重点片区城市设计　　两个蓝绿片区景观设计

"多师"联动操作模式示意图

2024 年第一个工作日，上海市举行全市城市更新推进大会，市委书记陈吉宁出席会议并指出，实施城市更新行动，是贯彻党的二十大精神、加快转变超大城市发展方式的重要举措，坚持以城市总规为统领，加强更新任务、更新模式、更新资源、更新政策、更新力量的统筹，全力推动城市更新工作取得新的更大进展，奋力谱写人民城市建设新篇章。

2025 年 1 月 8 日，市委书记陈吉宁在参加市规划资源局民主生活会时指出，以高水平规划资源工作服务超大城市高质量发展，要遵循现代城市发展规律，把握城市运行底层逻辑，持续深化改革创新，优化"三师"联创机制，做好改革实效评估，总结经验、完善机制、固化成果。在城市更新中，重工业地区的整体更新是根"硬骨头"，协调好政府力和市场力、发挥好"三师"联创在综合规划和设计中的作用，形成责任规划师团队的保障模式尤为重要。

3.1

响应复杂城市更新问题的"大系统"

唯物主义历史观认为，历史是人类面对挑战和应对挑战的故事，响应挑战是创新的体现，需要为具体的城市问题提供科学的解决方案。从这个角度上讲，不惧复杂性和勇于面对矛盾，是规划师应该具有的品质。在这里，规划是涉及社会生活方方面面的"广义"规划，即"大"规划，而不仅指开展法定规划编制的"狭义"规划。

城市是复杂的巨系统。规划需要把经济系统、生态系统和社会系统等领域研究的问题联系起来，进行综合性和整体性的研究。城市复杂适应系统理论作为复杂性科学的重要分支，是复杂系统理论的升华和结晶。复杂适应系统具有 6 个基本特征，包括 4 个特性（聚集性、非线性、流与循环、多样性）和 2 个机制（协调、决策）。这 6 个基本特征是复杂适应系统的充要条件。

城市系统的聚集性是复杂适应系统的重要特点。城市系统的这个特点，意味着系统整体上具有其组成部分没有的特质。系统首先应当注重整体，系统整体性不是其组成部分的简单"拼合"，而是系统整体"涌现"的结果，即反映方方面面诉求和统筹协调各子系统的"一张蓝图"。

城市系统的非线性是由城市的聚集性决定的。在对城市问题本质的探索中，人们发现了理性主义和还原论在解决城市问题上的乏力，传统的线性思维并不适用于城市这样的复杂系统。基于城市的非线性和复杂性特征，既要"懂物理"，也要"明事理"，更要"通人理"，即建设"人民城市"。

城市系统的流与循环就是对"人理"的理解和研究，剖析具体工作和生活中的人际、情感、心理、学习、创造、博弈，把握适当的干预"度"，选择复杂性进化，保持"完全无序"与"完全有序"之间的平衡与稳定，即"空间秩序"。

城市系统的多样性是城市复杂系统的外在表现，越复杂的社会实践，其综合性和系统性就越强。在系统结构的每一个层次中，都有多种相互制约的作用力，起到维系系统动态平衡的作用，即"专业的人做专业的事"。

规划的协调机制体现了规划工作开放性的特点。在封闭系统中，协调机制是线性串联的，秩序是不可逆的，运动的无序度将不断增大。有序结构和有序运动不能在封闭系统中产生是热力学第二定律的重要结论，这就是"开门开放做规划"的重要原因。

规划的决策机制往往在复杂适应系统某一混沌区的临界点产生。临界点前，运动形式过于简单，不能进行适应性变化；进入混沌区后，系统的运动变得不可捉摸，不能形成序态。在临界点上，系统的内部相互作用变为长程状态，产生出新的思想或者新的结构，即"无中生有、创造历史"。

大吴淞作为上海规模最大的重工业地区整体更新，谋划—策划—规划—计划的过程无疑是一种复杂适应系统，不可能一蹴而就。城市更新要求统筹空间战略谋划，明确格局和部署；加强功能业态策划，明确项目定位和功能引导；确定法定规划，保障项目落地实施；制定实施计划，协调近远期项目开发。

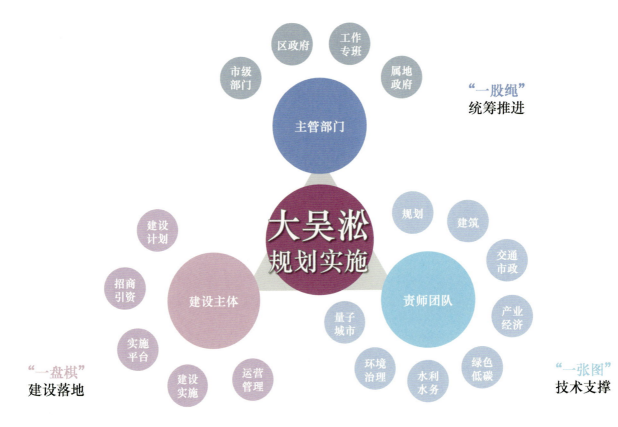

大吴淞规划实施模式示意图
资料来源：责任规划师团队绘制

3.2 市区两级联动、政府市场协作

传统老工业地区的整体更新是一项复杂的系统工程，单靠市场机制，或单靠某一个、某几个政府部门的点状推进难以为继。对于这样的战略性工作，政府责无旁贷，有责任组织策划，成立专门机构、编制专门规划。但是，政府不应是事无巨细的"管家婆"，也不应是放任市场力的"守夜人"，而是要向维护市场力、调动市场力、触动市场积极性的方向发展。

3.2.1 形成专门机制

按照上海"两级政府、三级管理"的治理体系，为加强大吴淞地区规划建设工作的组织领导和工作协调，在市级层面成立由市规划资源局、宝山区、浦东新区分管领导牵头，市发展改革委及住建、交通、生态、绿容、水务等部门参与的工作协调机制。宝山区、浦东新区分别成立区级层面的推进机制，强化市区合力、部门协同、条块联动，扎实做好组织协调和统筹推进。

在规划编制过程中，分阶段听取专业部门意见，包括市发改委、市交通委、市绿容局、市水务局等，以及一江一河办、雄安研究会等专业机构的意见和建议，不仅限于法定规划阶段的部门意见征询，更多的是共同商讨、互相学习。

值得一提的是，尽管大吴淞是一项十分具体的更新工作，但市规划资源局内由总规处总牵头，而不是详规处或更新处分别经办，主要原因是大吴淞涉及区域协调、系统协调和专业协调，不能简单理解为单纯的项目层面的工作。

进入规划实施阶段，按照市政府工作部署，市规划资源局和两区政府共同形成《大吴淞地区2025年实施行动方案》，协调建设实施过程中遇到的难点问题。

在区级层面，按照各区的具体情况和操作手势，形成各具特点的组织方式。宝山区于2019年12月成立吴淞创新城开发建设领导小组，由区委、区政府主要领导任组长，区委、区政府分管领导任副组长，各镇、街道、园区与区政府有关委、办、局主要领导为成员。领导小组下设办公室，办公室主任由区分管副区长担任。2020年12月，随着转型发展任务推进，对吴淞创新城开发建设领导小组进行调整，设立上海吴淞开发建设有限公司（简称"吴淞开发公司"），并对吴淞创新城开发建设领导小组办公室（简称"吴淞创新办"）进行调整：办公室设在区发改委，主要职责为贯彻落实领导小组的部署要求，组织推进吴淞创新城转型发展和建设工作；负责片区规划、计划的编制和落实；研究制定相关政策办法，做好区域内招商引资，推进重大产业项目和基础设施项目建设；指导区域功能性开发，推动土地收储及投融资等工作，并受区国资委委托管理吴淞开发公司。吴淞开发公司定位为吴淞创新城投资开发建设的具体实施主体，参与转型开发建设、承担市政配套建设，并依托于产业地产，开展资产运营、资产管理、股权投资、企业孵化、企业服务等区域开发和运营工作。

浦东新区于 2024 年 5 月成立浦东新区三岔港楔形绿地开发建设工作专班（以下简称"三岔港工作专班"），由区政府分管建交委、规划资源局、生态环境局的副区长担任工作专班主任，专班成员包括区发展改革委、区商务委、区财政局、区规划资源局、区生态环境局、区建交委、区文体旅游局、区国资委、高桥镇政府、外高桥集团等 10 个单位。工作专班下设 4 个工作组，一是由区发展改革委牵头的"开发机制组"，负责确定区域整体开发机制，牵头落实区级建设项目及资金安排计划；二是由区规划资源局牵头的"规划土地组"，负责土地指标协调和土地出让，会同其他相关工作组落实土地总控工作；三是由高桥镇政府牵头的"征收保障组"，负责统筹配置安置房源、土地和房屋征收并协调推动地块净地交付；四是由区生态环境局牵头的"生态建设组"，负责统筹区域生态空间建设，景观结构规划和景观方案编制与报批，统筹水系、绿地和林地的资源性指标，指导给排水、环境保护等工作，统筹道路建设等。在各工作组指导下，由外高桥集团全面推进规划、建设、招商引资等具体工作。

3.2.2 成立专门团队

由于大吴淞现状产权复杂，专业协同程度高、预计实施时间跨度大，市规划资源局专门发文《上海市重点地区责任规划师团队管理办法（试行）》（沪规划资源总〔2024〕417 号）和《关于聘任大吴淞地区责任规划师团队的通知》（沪规划资源总〔2024〕474 号）成立大吴淞责任规划师团队，旨在落实城市总体规划，坚持国际视野、世界标准、中国特色、高点定位，强化系统观念、注重整体谋划，确保"一张蓝图绘到底、干到底"，进一步建立健全上海市重点地区责任规划师团队制度，持续优化城市空间布局，加快重点地区功能重塑、产业升级、品质提升。

责任规划师团队由领衔规划师和技术团队组成，是服务上海市重点地区规划建设和管理的重要力量和技术平台，为地区规划、设计和实施提供全流程、多专业技术咨询服务，推动形成"政府组织、专家领衔、多方参与、科学决策"的创新性规划实施机制（详见 3.3）。

根据目前市规划资源局的发文，责任规划师团队制度首批试点应用于《大吴淞地区专项规划》《东方枢纽及周边地区专项规划》《虹桥国际中央商务区及周边地区专项规划》明确的规划范围内。

3.2.3 编制专门规划

市规划资源局协同两区人民政府共同编制《大吴淞地区专项规划》，通过规划搭建平台，沟通和协调市区两级政府的诉求和要求。在编制过程中，两区的开发主体企业全程参与，代表市场开发意愿，帮助《专项规划》实现更高的实施程度（详见 3.4）。

以三岔港楔形绿地为例，在明确外高桥集团为开发主体以及统一规划、整体开发和总体平衡的开发机制前提下，结合山水自然生态低碳发展的城市愿景、科普艺术文化休闲的城市坐标、滨水生活的城市样板目标定位，引导城市空间布局；在空间环境方面，在《专项规划》编制阶段同步开展楔形绿地景观规划设计国际方案征集、市政综合、建筑验证、土方平衡等研究工作，支撑地区空间方案逐步稳定；在民生保障方面，前置开展现状土地产权、使用情况排摸，为后续动迁安置、开发时序等安排提供依据。

3.2.4 开门开放做规划

在大吴淞地区规划设计工作开展过程中，除法定规划必需的公示流程外，结合"上海城市更新单元试点实施规划设计方案成果展"，在上海城市规划展示馆进行为期三个月的临展（2024 年 4—6 月）。通过实物模型的方式，更加具象地展现大吴淞未来风貌，作为专业人员和公众媒体了解、理解、点评、建议的渠道。

随着大吴淞地区在业界知名度的提升，在上海城市规划展示馆的"城市更新"展区开设大吴淞常展，在高桥镇社区党群服务中心结合国际方案征集评审会开设设计展，通过数字媒体、动画和模型，动态记录并展示大吴淞持续更新进程。

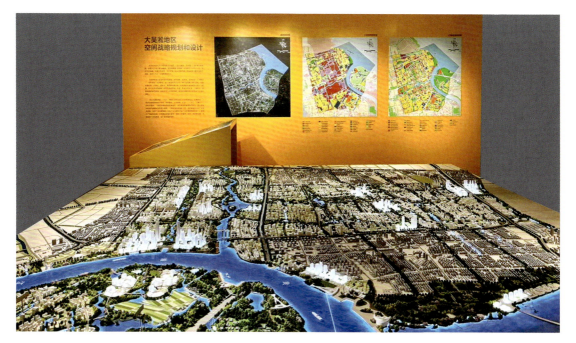

大吴淞参展"上海城市更新单元试点实施规划设计方案成果展"
摄影：沈璐（摄于 2023 年 11 月）

　　新闻媒体对大吴淞的历史、现状和规划都给予了高度关注。2024年3月8日,《解放日报》在头版发表了题为《"大吴淞"构想浮现上海北门户——结构重塑中期待破茧成蝶,进一步凸显外向枢纽型功能》的文章,并指出这是全市首个突破行政边界的重点地区专项规划。东方卫视和上观新闻陆续报道大吴淞地区"三师负责制"的工作实践和创新。

　　2024年城乡规划专业本科"六校联合毕业设计"亦选取大吴淞作为毕设题目,来自清华大学、东南大学、西安建筑科技大学、重庆大学、天津大学及同济大学规划和建筑学专业的同学组成联合设计组进行了为期一个学期的毕业设计,实践高校版的"三师"联创。

上海城市规划展示馆的大吴淞展区
摄影: 郑雅珊 (摄于 2024 年 12 月)

三岔港国际方案征集成果展
摄影: 外高桥集团 (摄于 2025 年 1 月)

3.3 责任规划师团队牵引下的"多师"联创

3.3.1 责任规划师团队制度

按照《关于印发〈上海市重点地区责任规划师团队管理办法（试行）〉的通知》（沪规划资源总〔2024〕417号）和《关于聘任大吴淞地区责任规划师团队的通知》（沪规划资源总〔2024〕474号），在大吴淞地区率先试点地区责任规划师工作。在专项规划基础上，面向后续详细层面规划编制、建筑景观方案设计及项目实施阶段工作特点及要求，动态组建"1+1+N"的团队架构，持续开展跟踪服务。其中，第一个"1"是1位领衔规划师，原则由重点地区专项规划编制团队的主要负责人担任；第二个"1"是1家规划专业团队，原则上由重点地区规划编制单位或领衔规划师所在单位担任；"N"是N个相关专业参与，衔接重点地区规划编制阶段的集成联创团队，根据实际工作需求，选择但不限于建筑、景观、土地、产业、战略、绿色低碳、数字智能、风貌保护、交通、市政、地下工程等国内外专业技术团队。

责任规划师团队的相关文件
资料来源：上海市规划和自然资源局

责任规划师团队持续参与重点地区的规划编制、规划实施、项目管理和跟踪评估等相关环节，按照相关法律、法规及技术规范等，衔接行政管理要求，履行参与地区规划前期研究和策划，协助统筹地区"多规合一"，指导地区规划设计方案征集，辅助推进地区详细规划编制、协助完善规划设计条件、对建设及景观等设计方案提出意见，对近期实施计划提出意见、协助推进地区更新实施，开展地区年度实施评估，配合组织社会宣传等职责。

与上海市社区规划师制度、雄安新区责任规划师单位制度相比，本次大吴淞地区责任规划师团队工作在工作深度、广度、延续度等方面均有很大的不同。上海市社区责任规划师以街道、镇为单位服务社区小微更新；雄安新区责任规划师单位服务新区大规模建设需求、保障规划落地；大吴淞地区的责任规划师团队在当前《专项规划》已经批复、下层次详细规划和建设项目渐次谋划和开展的阶段，工作内容在面向规划设计方案的咨询和把控之外，还需重点关注开发时序、下一层次规划编制及项目实施的安排和计划等。面对从《专项规划》阶段向下一层次规划设计编制和项目实施转化阶段的需求，大吴淞地区责任规划师团队强调按照"三师"联创机制，发挥责任规划师团队的统筹协调作用，进行多专业集成创新，实现地区发展战略、产业业态、绿色低碳、蓝绿空间、韧性海绵、融合智能等统筹联动。上海市社区规划师定位到人，雄安新区责任规划师单位通常为承担片区控制性详细规划编制的单位，而大吴淞地区责任规划师团队更加聚焦核心规划团队，包括由地区规划编制团队的主要负责人担任的领衔规划师和以规划编制团队骨干人员组成的技术团队。通过领衔规划师和核心团队的延续性，来保障《专项规划》一张蓝图绘到底、干到底。

大吴淞地区责任规划师团队通过编制《大吴淞地区专项规划综合报告》、协助制定地区控制性详细规划编制计划等方式，进一步提炼、归纳《专项规划》的核心理念、要求，并针对《专项规划》批复后的下位详细规划编制工作形成年度计划，保障《专项规划》的有序实施。通过参与大吴淞地区启动区详细规划编制等工作的征询和审查，确保其符合《专项规划》的总体格局、核心理念和管控要求。通过参与大吴淞地区相关工作的交流咨询，如文物保护认定工作、文旅规划研讨等，掌握相关工作动态、研判并应对需要协调的事项及可能存在的矛盾。通过参与上海城市更新高质量发展规划资源公开课平台专题授课，向有关部门、设计单位、社会公众宣讲大吴淞地区规划设计工作的成果和经验。

3.3.2 搭建"三师"团队开展整体研究

2020 年以来，大吴淞地区的整体更新转型取得了显著成效，宝杨路 TOD、上海大学上海美术学院(吴淞院区)等项目陆续开工建设。尽管点状项目得以实施，大吴淞地区的更新仍存在三大难点。一是地区环境亟待焕新。长期作为工业区的发展历程，使大吴淞地区在市民心中形成了灰暗、混乱、污染、封闭的形象，对新功能、新人口的吸引力不足。二是转型模式亟待更新。地区土地权属复杂，当前城市更新以企业自主零星转型为主，相关工作往往仅局限在自身产权范围，关注重点仅聚焦资产增值，缺乏整体性、综合性考虑，难以形成合力，实现地区整体的高质量发展。三是地区情况复杂，多种重大规划设计要素叠加。既拥有大面积转型更新空间，也是全市重要的生态功能区域；既要保障区域内重要水系的航运、水利等功能实现，又要实现滨水地区的空间和活力提升，需要多专业的通力配合才能实现多元要素下的整体最优。

2023年，市规划资源局印发《关于建立"三师"联创工作机制推进城市更新高质量发展的指导意见（试行）》（沪规划资源风〔2023〕450号）强化城市更新设计赋能，加强规划、建筑、评估等多专业融合共营、集成创新，发挥专业技术团队对于城市更新的全流程统筹支撑作用，带动城市更新区域的品质提升、品牌塑造、价值彰显，努力实现城市更新综合成本平衡、区域发展平衡、近远衔接平衡，探索形成"三师"联创的工作模式。

大吴淞地区的规划设计工作按照"三师"联创的工作要求，由规划设计团队牵头，汇集国内外、多专业高水平咨询和设计团队，开展整体性、全过程的"三师"联创。

其中，责任规划师团队由规划设计单位牵头，协同产业、交通、航运、市政、水利、地下空间等专业单位。充分发挥谋划策划、统筹协调作用，在规划设计工作全过程中，通过全局性视角谋划发展战略、通过综合性方法破解重大问题、通过统筹性思路引领工作方向和整合联创成果。

责任评估师团队由自然资源调查单位、土地储备单位组成。充分发挥强资信、明期权、可持续作用，承担更新区域综合资产价值显化和评估工作，研判更新项目可行性、协助更新项目实现"资源、资产、资信、资金"四资贯通。

责任建筑师团队（含城市设计、景观设计）由国内外一流建筑、景观设计单位组成。充分发挥设计赋能、破解技术瓶颈作用，针对重点片区，运用国内外一流理念、手法，协同总体格局、专项研究等要求，开展详细设计，进一步支撑总体功能格局、空间布局、风貌要求的品质化、在地化、整合化提升。

3.3.3 从"纵向"切分到"横向"联动的工作组织

在工作方式上，不同于原有的多专业纵向组织的模式，本次规划设计工作通过战略研究和总体城市设计、业态发展和城市空间形态设计、《专项规划》编制、控制性详细规划编制四个阶段的工作切分，由整体到局部再回到整体，循序渐进、逐步深化。保证在整体谋划基础上，规划、建筑（城市设计、景观）、评估协同工作，相互校核，在工作中取长补短，保证高品质和可实施。

整体空间战略研究阶段

在战略研究和总体城市设计阶段，扩大范围开展区域性、整体性研究。基于浦江两岸空间的完整性、历史的关联性、功能的互补性、周边重大市政交通设施的协同性，本次规划在原吴淞创新城基础上，进一步将北部高铁宝山站及邮轮港区域、南部蕰藻浜沿线区域、东部三岔港楔形绿地区域、外围的现状建成区域纳入统筹研究，整体谋划功能和空间布局，发挥协同联动效应。

"双师"先行，旨在谋划地区功能定位、空间格局和总体风貌。其中，责任规划师团队发挥统筹、协调作用，结合空间战略研究及重大基础设施支撑，优化整体空间、提炼发展意象、塑造区域格局。责任评估师团队通过产业用地综合绩效评估工作，识别重点转型和更新区域。两方面工作相互支撑校核，稳定地区整体空间格局。

▇ 产业研究和城市设计阶段

产业研究和城市空间形态设计阶段，在区域整体研究的基础上，进一步推进精细化研究和设计，落实整体格局、提升与地区实际情况的匹配度。一是聚焦重点问题，应用最新理念方法，强化专项研究支撑；二是进一步识别重点地区，开展详细设计，落实先进做法，提高设计精度。

进一步完善"三师"架构，强化重大研究支撑、深化重点片区设计。本阶段责任规划师团队在规划设计单位的统筹下，引入产业、航运、水利、地下空间、绿色低碳等专业设计单位，针对地区重点问题，通过集成设计的方式加强各专业的统筹协同，实现立体作业、交叉推进、成果整合。建立由国内外高水平设计单位组成的责任城市设计、景观师团队，针对重点地区开展精细化的片区详细设计工作，支撑总体功能格局、空间布局、风貌要求的品质化、在地化、整合化实现。

▇ 《专项规划》编制阶段

法定《专项规划》编制阶段，结合第二阶段工作，对110平方公里整体战略及空间格局进行校核和优化，统筹第二阶段工作成果，进一步将工作成果向规划管控内容转化。

继续动态调配"三师"力量，前置谋划实施安排。本阶段责任规划师团队在前两个阶段工作基础上，在"三师"团队的支撑下，将设计蓝图转化为规划落地管控，打通精品方案的实施路径，突出近期建设的实施落实，同时强化战略留白控制和弹性安排。责任评估师团队引入土地、资金评估团队，开展土地收储、自主转型等资金测算，为后续联动多方力量共同高质量推进规划实施做好准备。

▇ 详细规划编制阶段

在《专项规划》基础上，编制12.3平方公里启动区、三岔港楔形绿地和4个宝山重点片区（铁山路车辆基地、启动区西侧、吴淞十四街坊、特钢启动区）等核心区域详细规划，继续搭建面向实施、"1+2+3"的"三师"团队，延续《专项规划》阶段核心团队，进一步提升设计和研究精度，探索高质量详细规划编制方法。其中：

"1"为"一张总图"规划统筹，包含方案整合和详细规划编制两方面。在城市设计和景观深化设计、专项研究深化阶段，开展工作组织和技术统筹，整合深化设计和研究成果并在此基础上将设计和研究成果转化为详细规划成果。

"2"为"两类设计"方案深化，在12.3平方公里规划范围内进一步开展城市设计深化和景观设计深化工作，面向详细规划工作精度，衔接标地营造、复合基底、城市色彩、综合管廊等新理念、新要求和实施建设要求，在《专项规划》确定的总体格局下，开展设计深化工作。

"3"为"三大专项"技术支撑，结合大吴淞宝山启动区的具体情况，识别重大问题开展包括复合基底、场地调查、交通市政三大专项研究，为城市设计、景观设计及详细规划编制明确设计底板和条件。

与此同时，结合当前全市正在开展的基础设施（含综合管廊）规划、色彩规划、低空交通规划等品质提升指引，重点聚焦大吴淞启动区，开展试点行动衔接深化。稳定新蕰东枢纽、江杨北路快速化等重大基础设施方案，启动高铁宝山站、"十里画卷"首发段、铁山路（铁山路大桥）、北泗塘水闸外移等功能性项目和基础设施建设。

最终以详细规划为统筹平台，整合多层级、多类型、多专业的联创规划设计工作。

3.4

兼具战略引领和刚性约束的"穿透式"规划

3.4.1 穿透式、贯穿型的特定地区专项规划

按照《中共中央 国务院关于建立国土空间规划体系并监督实施的若干意见》《中共上海市委、上海市人民政府关于建立上海市国土空间规划体系并监督实施的意见》，在"上海 2035"总规引领下，针对包括大吴淞地区在内的、集中成片的重点区域和城市更新单元，探索穿透式、贯穿型的重点地区专项规划编制的工作组织和技术方法。

穿透规划编制深度层次

重点地区专项规划与上海当前的单元规划不同，需要结合大吴淞等全市四大重点战略地区的战略谋划和实施落地需求，衔接当前上海规划资源工作创新思路，进一步强化其在规划体系中的上下衔接、传导能力。

在规划内容上，重点地区专项规划面向战略性地区整体转型或提升的需求，承载了总规层次专项规划的战略引领，对地区定位、总体格局、空间结构、系统布局等进行了重新审视和战略谋划。按照以高水平规划资源工作服务超大城市高质量发展、加强城市设计等要求，在以往单元规划编制内容基础上，应强化城市设计、景观设计、产业经济、绿色低碳等设计和研究，支撑规划格局、布局和管控要求。同时，也具备单元层次的刚性与弹性约束，通过分单元、落图则的形式，明确地区

总体规划层次		
上海市国土空间总体规划		
浦东新区和各郊区 国土空间总体规划		专项规划 (总体规划层次)
单元规划层次		
主城区 单元规划	新市镇国土空间 总体规划	特定政策区 单元规划
详细规划层次		
控制性详细规划	郊野单元 村庄规划	专项规划 (详细规划层次)

上海市国土空间规划体系
资料来源：上海市详细规划管理操作规程文件

大吴淞地区的 34 个规划协调单元
资料来源:《大吴淞地区专项规划》

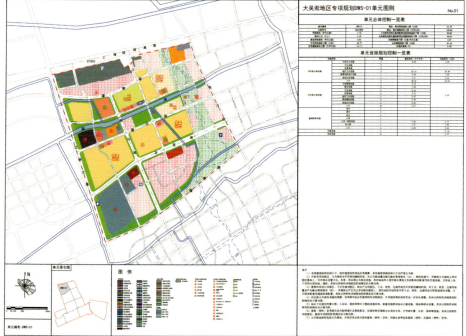

单元图则示意、针对单元的主要规划管控要素,主要聚焦结构性、基础性、公益性管控要素的分解和落实
资料来源:《大吴淞地区专项规划》

内各子单元片区的发展规模、绿地、水系、道路、市政设施、公共服务设施等底线型、公益性控制要素的规模和布局、主要类型建筑的上下限要求等，并向后续的实施性详细规划传导。

在管理流程上，如下位详细规划编制工作对专项规划（特别是单元图则管控要求）没有重大调整，可适当简化管理审批流程，加快规划编制和审批。

如浦东三岔港地区，本身是《大吴淞地区专项规划》中划示的一个完整单元，相关详细规划研究工作在《专项规划》启动编制后同步开展，两方面工作始终保持互动和衔接，在规划研究过程中已进行了充分的统筹和协调。因此，在《专项规划》批复后，DWS-11 单元城镇开发边界内部分的控制性详细规划作为首个试点，按照免详细规划任务书的流程进行操作，并已于 2024 年 10 月批复。按照这一流程优化的创新措施，后续大吴淞地区详细规划编制工作，在方案符合《专项规划》要求的前提下，可以适用免详细规划任务书的简易程序。

2024 年 6 月 2 日，上海市人民政府批复了《大吴淞地区专项规划》（沪府〔2024〕35 号），这是上海市政府批复的第一份重点地区专项规划，为"大虹桥""大东方"和"大吴泾"及其他重点地区的法定规划编制提供了技术基础。

《大吴淞地区专项规划》法定文件和批文
资料来源：《大吴淞地区专项规划》

■ 贯穿相关专业条线内容

　　贯穿型规划是指与空间规划深度相匹配的其他类型规划一同纳入专项规划，包含但不限于景观规划、产业规划、水利规划、绿色低碳规划等，横向上相互协调，共同构成"一张蓝图"的多个广度。如结合大吴淞地区三江交汇的特殊区位，在专项规划编制阶段，通过引入水利水务、韧

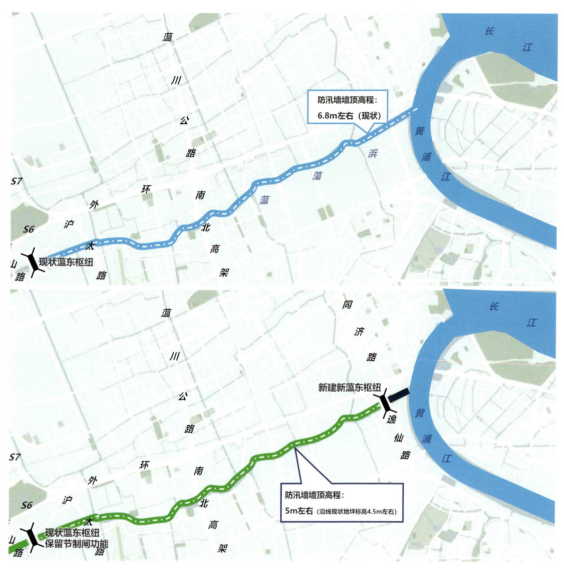

现状蕰东枢纽位置与于黄浦江交汇处建设新蕰东枢纽的设想
资料来源：《大吴淞地区专项规划》

新蕰东枢纽建设后，大吴淞蕰藻浜沿线地区更加亲水的泊岸形式设想
资料来源：《吴淞江—蕰藻浜航道工程和沿线地区专项规划》

性低碳等专业团队，将防洪排涝、航运组织等事项纳入地区整体发展、更新的框架之下进行整体考虑，而不是不加考虑地将现有的相关要求作为呆板的设计条件落实。为进一步强化沿岸城市功能和空间同蕴藻浜的联系，突出这条吴淞江支流、北上海地区母亲河的水脉文脉特征，最大化解钢铁产业地区原有的生硬、封闭的空间气质，专项规划阶段提出在蕴藻浜与黄浦江交汇处新建枢纽工程。这一设想能够大幅缩短蕴藻浜直面长江的一线防洪岸线长度，提升沿线防洪安全性；可通过枢纽控制降低蕴藻浜闸外段通航水位，优化沿线桥梁的净空条件，减少桥梁改造的工程量；对地区更新来说，更具吸引力的是，有了枢纽的保护，蕴藻浜闸外段沿线的防汛墙高度可有较大幅度的降低，由目前一人多的高度降低至略高于周边地面和道路，为滨水地区的亲水功能和空间塑造创造良好条件。最终，结合《大吴淞地区专项规划》的研究和编制，这一设想逐步得到相关主管部门认可，并促成后续工作阶段的层层深化研究和落实。

同样，随着蕴藻浜大吴淞段既有工业的逐步腾退和沿线地区功能重塑，该区域对货运水运的需求逐渐降低。《大吴淞地区专项规划》编制阶段，由规划、航运等专业共同提出对原规划蕴东内河港区的调整建议，最终在《吴淞江—蕴藻浜航道工程和沿线地区专项规划》中进行了系统性安排，规划蕴东港区归并至徐行港区，同时为确保嘉定、宝山区域航运需求并疏解黄浦江下游段部分航运功能，提出在罗蕴河河口设置船闸的建议。

另外，为了让专项规划的编制重点、技术方法等更加具有可阅读性，方便理解和传播，以《大吴淞地区专项规划》为例，在规划批复后，责任规划师团队牵头开展了以下4项拓展性工作：《综合报告》对"多师"联创各个专业的工作进行梳理和整合，相当于制定《专项规划》的一本说明书；《技术指引》是《专项规划》中重要指标的解读和阐释；"实施计划"结合《专项规划》的近远期发展要求，协调了两个区及区属企业的开发意愿，形成一年、三年、五年、十年的滚动发展计划；"地区总图"按照上海量子城市A星建设要求，即将现实物理空间进行全量复刻，开发建设"空间筛子"系统软件，包括"数字房本""空间指数标准""空间指数模型"，实现建筑空间数据的"收、存、管、治、用"。

现状蕴藻浜防汛墙高度和沿线道路的关系，水泥墙超过人的视线高度，使蕴藻浜成为城市生硬、不可及的边界
资料来源：责任规划师团队拍摄、绘制（摄于2023年8月）

4公里蓝绿交织区空间

总体布局

吴淞江—蕰藻浜上海市域全线（长度约 45.7 公里），沿线两岸腹地各约 2 公里，总面积约 170 平方公里。

1公里滨水区空间

滨水区空间设计

吴淞江—蕰藻浜上海市域全线（长度约 46.7 公里），沿线两岸腹地各约 500 米，总面积约 53 平方公里。

规划设计范围示意图
资料来源：吴淞江—蕰藻浜航道工程和沿线地区国际方案设计任务书

200米亲水区空间

亲水区详细设计

苏申内港线中段（油墩港—黄浦江，全程约36公里），河道上口线向堤外各延伸约50米，总面积约8.5平方公里。

吴淞江—蕰藻浜航道工程和沿线地区整合方案总图
资料来源：吴淞江—蕰藻浜航道工程和沿线地区专项规划

淞宝

外景

颐村

杨行

上海绕城高速

上海绕城高速

蕰川公路

同济路

沪太公路

沪崇高速

外景隧道

宝山中心城

逸仙高架路

江杨南路

南北高架路

康宁路

沪太路

祁连山路

外环高速

沪嘉高速

中环路

中环路

外环高速

南翔

嘉闵高架

N

0 1250 2500 5000m

3.4.2 针对难点问题开展的方案征集和专项研究

随着大吴淞规划设计工作的不断深入，尤其是伴随部分基础设施的深化设计和开工建设，有一些根本性、底线型的技术问题暴露出来，尤其是涉水工程、蓝网绿脉以及道路桥梁等，基础设施的品质和标准将深刻影响地区和地块后续开发的调性和质量。按照把"每一寸土地都规划得清清楚楚后再开工建设"的要求，针对难点问题开展了若干次不同主题、不同深度的国际方案征集和专项研究。

■ 吴淞江—蕴藻浜航道工程和沿线地区国际方案征集

蕴藻浜在吴淞工业区的发展过程中起到重要作用。同时，吴淞江—蕴藻浜航道工程（苏申内港线）也是长三角高等级航道网的重要组成部分，是上海市"十四五"重大市政交通项目。吴淞江—蕴藻浜航道工程西至太湖接京杭大运河，东至黄浦江近长江交汇口，全长约100公里。其中上海市域范围内全长约46公里，规划为三级航道，可通航1000吨级船舶。

建设内容从航道延伸至沿岸，包括码头等配套设施和两侧防汛通道、开放空间，整合提升两岸的港口、码头等功能布局，将对沿线地区空间、功能、交通带来重大结构性变化，有利于整体提升沿岸地区功能、促进区域发展转型和城市更新、加快高质量发展和构建上海北部带状新型滨水区发展格局。

国际方案征集总体研究范围为4公里蓝绿交织区，西至沪苏省界，东至黄浦江，全长约46.7公里，两岸腹地各约2公里，总面积约170平方公里。详细设计范围为1公里滨水区空间，两岸腹地各约500米，总面积约53平方公里。其中，200米范围为亲水区空间。同时，对三江汇流、同济校园、运河小镇、万亩苗圃、渔人码头、外环林带、蕴东枢纽、智慧湾区、江杨市场、吴淞秀带十大特色节点开展深化设计。

2023年4—7月开展的国际方案征集主要涉及三方面设计内容：一是研究总体布局，提出目标定位和空间意象，以生态基底、重要交通廊道为骨架，以重要地区为节点，明确空间结构与功能板块，基于区域发展需求和总体功能布局，对重大基础设施选址进行比选论证；二是落实空间设计，落实战略研究要求，形成一张蓝图，对河道水网、道路交通、生态景观、建筑风貌、公共空间、服务设施等方面进行系统设计；三是分段指引，将设计范围分为东段、中段和西段三个片区。西段强化城乡融合和乡村振兴战略实施，推动跨行政区协同发展，塑造江南水巷水链；中段强化嘉定新城南部门户建设，塑造嘉定新城南部水廊门户，与南翔古镇更新一体联动；东段强化吴淞地区转型、功能重塑、空间再造和品质提升，与外环绿带一体化规划，统筹考虑中心城北部滨水区的整体打造和城市更新（约50平方公里），整体形成一条水特色鲜明、创新创造功能集聚、滨水空间活力魅力彰显的上海大都市江南水廊发展带，打造成为"人民城市"理念的最佳实践地、绿色转型发展的集聚区、推进中国式现代化的示范带。

入围单位包括PPAS和MSP联合体；MLA+、华建集团现代院和杭州园林院联合体；VCS、易兰和甲板智慧联合体；Sasaki、善启和河海院联合体；SWA、上海市政总院和中国园林院联合体；奥雅纳和苏州园林院联合体。

"上海之门"浦东片区三岔港楔形绿地景观规划设计国际方案征集（简称"三岔港国际方案征集"）

楔形绿地是上海基本生态网络的重要组成部分，是构建城市风道、确保城市生态环境质量的重要结构性空间，其构想始于1993年上海市第三次城市规划工作会议。在浦江东岸，三岔港地区在上海"99版总规"中被确定为上海中心城8块楔形绿地之一。这一定位在"上海2035"总规中延续，包括三岔港楔形绿地在内，将上海中心城楔形绿地进一步拓展为10块。

2021年5月，上海市人民政府办公厅印发《关于加快推进环城生态公园带规划建设的实施意见》的通知，提出"适时启动三岔港楔形绿地规划建设研究。注重与上海滨江森林公园的衔接，在吴淞口区域形成集生态景观、文化博览、旅游休闲于一体的绿色发展示范区，'十四五'期间完成控制性详细规划编制"。

作为大吴淞的重要组成部分，"上海之门"浦东片区三岔港楔形绿地，是全市重要的生态空间和《专项规划》中明确的城市副中心所在地，在专项规划基本稳定的条件下，于2024年5月—10月开展景观规划设计国际方案征集工作。Hassell事务所和清华大学建筑设计研究院有限公司联合体的优胜方案旨在以零碳为原点、以韧性庇护为基础，打造入海口城市生态圈层网络，为未来城市居民打造生态自然中的健康和活力生活方式。设计充分利用江滩、码头、密林、水系、村落的现状本底，连接生态斑块，填补生境空缺，创造四条通江达海的生境复合带；保留场所肌理，生态绿色修复工业疮疤；增加黄浦江与河渠的触点，丰富多样水形态和各种韧性庇护的景观空间。

黄浦江挡潮闸工程设计方案征集

黄浦江河口闸是黄浦江防洪能力提升总体方案的重要组成部分，对有效防御风暴潮侵袭发挥重要作用。于2024年11月开展设计方案征集工作，征集工作仍在进行中。方案聚焦以闸型研究设计为核心的工程布置及建筑物、机电及金属结构和施工组织设计等，对设计方案的关键结构、关键设备、关键技术的可行性、可靠性进行必要的计算分析和论证，达到可行性研究深度。

设计层次范围示意图
资料来源：三岔港国际方案征集

碳汇秀场效果示意图
资料来源：三岔港国际方案征集

铁山路桥鸟瞰示意图
资料来源：铁山路（S20 公路一长江西路）道路新改建工程

铁山路桥西侧小鸟瞰效果示意图
资料来源：铁山路大桥概念方案设计

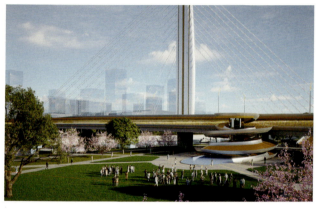

铁山路桥东侧人视角效果示意图
资料来源：铁山路大桥概念方案设计

铁山路桥桥梁结构示意图
资料来源：铁山路（S20 公路一长江西路）道路新改建工程

江杨北路沿线功能和风貌节点
资料来源：江杨北路品质提升规划设计研究

铁山路和铁山路大桥专项研究

铁山路是宝山站对外重要的城市主干道，是上大美院重要的配套道路之一；铁山路桥是铁山路的重要组成部分，是跨蕴藻浜南北走向通道，位于大吴淞南北轴线交汇处和核心节点，成为大吴淞更新转型的精神地标。为匹配大吴淞专项规划跨蕴藻浜的规划设计要求，桥型选择单索面斜拉桥，桥长约602米，主跨140米，主桥宽32.5米，采用双层布置，机动车道和人行道位于上层，非机动车道位于下层。

按照"品质市政"（参见《上海城市基础设施创新设计实践》）的要求，城市重点区域基础设施的设计不仅要考虑工程可行性，更要融入城市环境提升的要求。铁山路桥一头连着型钢厂改造的上大美院，一头连着新建的高铁宝山站，桥梁设计因而成为推动城市更新的催化剂，通过激活水岸线，促进周边地区的经济发展和社区活力，融入艺术元素，成为人文艺术激活的空间，提供公共艺术展示和文化活动的平台。桥梁不仅是交通的通道，也应结合景观设计复合休闲、观光、社交等多功能，成为城市公共生活的场所。

江杨北路品质提升专项研究

江杨北路是大吴淞地区主干道，连接高铁宝山站腰部进线，是高铁站南向的主要集疏运通道，同时也是展示大吴淞特色功能和风貌的重要廊道，路经铁山路车辆基地、市级体育公园、江杨市场改造、江南南路TOD等重要节点。结合主线连续流改造，道路品质提升也被提上了议事日程。

提升基础设施的边际效应，在道路及两侧绿带和绿地设计之初，就考虑未来地区开发诉求和使用人群画像，是"品质市政"的根本逻辑。呼应未来随着地区转型推进带来的人群变化，打造高品质低碳出行方式、自然生态环境，将公园大道和郊野径结合起来，创造"铁（路）·（道）路·河（流）森林乐章"（北扬支线、江杨北路、六里塘），将原本割裂的灰色基础设施转变为柔和的城市绿色基础设施。

江杨北路宝杨路节点方案，主干路连续流高架融入大公园体系中，增加观景体验的维度

资料来源：江杨北路品质提升规划设计研究

规划穿透

面向高质量实施的规划资源机制

大吴淞地区的整体更新和转型发展，是一项整体性、多条线、强统筹的复杂系统工作。在《大吴淞地区专项规划》的编制过程中，通过组织推进、规划工具、编制技术方法等方面的创新，力求适应性和科学性地响应这一复杂城市更新问题。

《专项规划》批复后，大吴淞地区的整体更新工作已由规划谋划转向建设实施的新阶段。在此过程中，规划资源工作的创新也由规划编制继续向高品质方案设计、高水平建设实施延伸。一方面，在专项规划阶段提出的创新性理念和要求，需要通过后续详细规划、方案设计、建设实施、运营管理等工作进一步探索具体技术方法进行延续、细化和落实；另一方面，得益于当前上海规划资源工作的持续性创新探索机遇，一系列面向高质量发展的新模式、新举措也在不断以大吴淞地区作为试点，进行技术探索和模式试验。

4.1 高品质的规划编制：前置用地价值评估

2023 年起，按照自然资源部低效用地再开发试点要求及上海市委、市政府工作要求，上海市规划资源局会同市经济信息化委、市国资委等相关部门建立全市产业用地综合绩效评估制度和指标体系，并协同各区政府（管委会）开展综合绩效评估，形成产业用地绩效分类"一张清单"和各区政府（管委会）分类处置方案。2024 年，为严格落实市委、市政府关于产业用地"保量控价"要求，启动实施产业用地"两评估、一清单、一盘活"三年专项行动。其中，"两评估"中的产业用地综合绩效评估是指根据产业用地的实际利用情况、综合效率和管理导向等，经综合考虑对产业用地进行的绩效评估，评估结果具体分为鼓励支持A类、保留提升B类、观察整改C类、整治退出D类四类；产业用地综合价值评估是指对拟收回收储的产业用地，根据地块区位条件、管理使用状况、综合绩效情况等差异性因素，对其空间退出价值进行的评估。"一清单"是指经综合绩效评估工作确定绩效等级的全市产业用地分类清单。"一盘活"是指按照"上海 2035"总规实施导向和产业发展方向，结合产业用地清单，通过违法违规违约用地治理、减量化、土地收储、更新转型、财力补贴、金融扶持等差别化举措，综合施策，推动存量产业空间盘活利用。

在"两评估、一清单"工作基础上，进一步推进"一盘活"工作。市规划资源局牵头印发《上海市低效产业用地再开发政策工具箱（1.0 版）》《关于加强上海市产业用地综合绩效评估促进节约集约用地的实施意见》《关于规范产业用地综合价值评估工作的指导意见（试行）》《2024年度产业用地综合绩效评估与分类处置工作方案》和《上海市产业用地综合绩效评估指标体系》，市经济信息化委印发《关于进一步促进工业降本增效推进新型工业化的若干措施》等文件，市国资委印发《关于进一步做好 2024 年本市市属国企存量土地资源盘活利用工作的通知》等文件，市规划资源局会同市房管局印发《关于规范国有产业用地综合价值评估和国有产业用地上房屋征收评估工作的指导意见》。在此基础上，精准施策制订分类盘活方案。强化规划和产业发展导向，紧紧围绕新型工业化要求，强化规划土地、科技创新、绿色转型等政策措施，坚持用地跟着项目走，组织各区（管委会）强化综合施策、分类施策、精准施策，对清单中A、B类用地提出城市更新、提容增效、创新支持、园区扶持等激励措施，对 C、D 类用地针对性制订土地收回、收储、减量化、城市更新等处置方案。

以《大吴淞地区专项规划》编制阶段试点开展产业用地综合绩效评估工作为基础，"一盘活"工作为后续详细规划编制过程中对产业用地的分类定制化施策提供了明晰的依据和路径。

4.2 资源利用更加高效："规储供用"一体化和"标地营造"

在《大吴淞地区专项规划》的编制过程中，按照"把握开发时序，成熟一块，启动一块，注重战略留白"和"先蓝绿、再建城，先地下、后地上""先基础设施再城市开发"的原则，近远衔接，明确城市更新节奏和开发时序安排。重点聚焦蕰藻浜航道工程、轨交19号线等重大基础设施，北部高铁宝山站周边、东部邮轮母港周边、浦东三岔港等重点地区，以及黄浦江、蕰藻浜、淞兴塘等结构性蓝绿空间，加快推进实施，激活地区价值，重塑地区格局，促进功能开发。黄浦江沿岸的集装箱码头等地区预留作为远期发展空间，待条件成熟时再有序推进。

在大吴淞地区开发建设过程中，按照《专项规划》阶段明确的开发时序总体原则，规划实施范围和土地储备范围互相校核协调，有序衔接，通过土地储备支撑规划实施。以核心岛区域为例，位于大吴淞地区中部、外环两侧，向南是蕰藻浜和2018年就已经停止生产功能并开始土地储备和自主更新的不锈钢地区，以及《专项规划》规划的"十里画卷"公园区域。区域内轨道交通18号线二期、19号线在建，是整个大吴淞地区规划实施条件最为成熟的区域。向北是《专项规划》规划的连接蕰藻浜沿线吴淞副中心与高铁宝山站的中央绿谷南段，其中靠近外环区域也是吴淞副中心的组成范围。但该地区土地权属复杂，不少现状企业均位于规划蓝绿空间范围内，依靠自主更新机制难以实现地区空间结构的整体优化和塑造。另外，根据产业用地综合绩效评估结论，不少现状企业本身也属于需要整改及整治退出的类型。

因此，为优先塑造十字交汇的蓝绿空间核心区域、服务吴淞副中心区域的规划实施，《专项规划》批复后，基本识别锚固了北至浅弄河、南至长江西路、东至北泗塘—南泗塘、西至江杨北路—江杨南路的土地储备范围，以土地收储的方式来促进这一核心区域规划意图的整体实现和高质量实施。与之相应，后续的详细规划编制和近期启动更新转型的区域范围大致也按照这一范围划定。

纵观国内外超大特大城市实践，土地储备是政府调控空间资源、强化市场配置、平衡供需的重要工具，是实施城市总体规划、优化布局、把控节奏、引导发展的有力有效手段。基于此，上海提出建立健全"以上海市城市总体规划为统领，统筹资源配置、统筹市场供需、统筹近远衔接、统筹市区联动、统筹时序节奏"为特点的土地储备新机制，对于优化城市空间、提升城市核心功能、推动城市高质量发展具有不可替代的作用，并在大吴淞地区先行先试，为其他各区（管委会）提供借鉴经验。

具体做法方面，一是在空间谋划上，围绕"五个中心"建设，强化 2035 总规对全市土地储备工作的统筹引领作用，结合社会经济发展形势、土地市场需求和储备周期特点（一般为三年左右），构建在实施时序上以五年、三年、一年为重要节点的土地储备规划体系。制定五年土地储备专项规划，上接 2035 总规部署，横向衔接五年发展规划，明确全市五年土地储备的目标、规模、结构、布局，为形成全市土地储备五年规划池、三年预备池和年度实施池提供规划依据。制定年度土地储备计划，积极响应市场需求，形成年度实施方案，明确项目清单、资金安排、实施节点，衔接土地供应篮子（包括出让和划拨供应）。

二是在组织模式上，着力提升市级统筹能力，通过市规委会审议把关强化市级综合功能，统筹全市土地储备项目实施方案；明确分工协作的部门职责，各相关部门在市规划委员会统筹协调下，按照职责分工履行土地储备相关职责，进一步加强协作配合，形成工作合力；建立协调联动的工作平台，由市规划资源局牵头，会同市财政局等部门，加强日常工作的协调会商，同时打造土地储备市区联动平台，构建市级统筹、上下协同的全市土地储备工作一盘棋体制机制。

三是在运行管理上，土地储备新机制按照总体谋划、储备计划、储备实施、管养供用四个阶段推进，用好"三师"联创机制，加强全周期监管和定期评估。在总体谋划阶段，强化市、区政府对地区近期发展的定位和策略谋划，通过详规落地确保规划法定和土地功能价值。在储备计划阶段，强化近期项目实施安排和地区开发决策，明确实施方案、资金匹配、机制安排。在储备实施阶段，强化政策聚焦、市区联动、以区为主，突出评估征补、拆平净地、社会稳定等工作。在管养供用阶段，重点加强前期基础设施建设、综合环境配套和净地管养等前期开发工作，确保有力、有序、有效。从土地供应开始，在开工、竣工、运营、管理等多环节，按照全要素、全流程、全生命周期原则会同各行业管理部门落实监管。同时，通过运用大数据、人工智能、智能感知等新技术，构建从规划计划、收储开发到土地供应的全流程、全要素应用场景，实现土地储备供应全周期的信息化、智慧化管理。

在落实土地储备新机制过程中，为进一步优化营商环境，以储备的高水平实现土地的高效利用，逐步建立从传统的"七通一平"为主的前期开发模式向打造"标准地价值提升、标杆地提质增效"的"标地营造"新模式转变，从而实现储备土地项目集合、资金聚合，达到土地增益增效的目标。

所谓"标地营造"，是指根据城市建设品质提升的需要，土地储备机构对储备土地，依据国土空间详细规划（含竖向规划）的要求，统筹地上、地下一体化营造，通过"三师"联创，进一步开展通平配套建设、地形塑造、蓝绿建设、海绵城市营造等前期开发，整合项目审批，统筹资金安排，打造更加契合市场需求的"标准地"和"标杆地"的过程。以提升土地利用效率和综合效益为目标，以"标准地"保价控量，以"标杆地"提质增效，匹配不同市场需求，形成三通 / 五通 / 七通、地形塑造、蓝绿空间、品质提升等不同标准的可供用地。其中的通平设施、地形塑造、蓝色空间、绿色空间、品质提升、相关工程配套费及其他费用等研究纳入区域土地储备成本。

4.3 土地使用更加灵活：创新规划土地弹性管理

在详细规划编制阶段，按照《关于促进城市功能融合发展 创新规划土地弹性管理的实施意见（试行）》（沪规划资源详〔2023〕449 号），创新产业融合管理要求（M_0）、公共设施融合管理要求（C_0）、居住融合管理要求（R_0）、绿化融合管理要求（G_0）、物流仓储融合管理要求（W_0）等，加强城市更新规划的土地管理弹性适应。针对功能融合发展和混合设置的需求、形式、条件、环境影响和交通支撑等开展评估，进一步落实、细化和明确弹性管理要求，支撑土地出让和项目设计、建设工作。

同时，在详细规划编制过程中，面向实施需要，兼顾规划管控的刚性与弹性，对于衔接近期实施项目的区域（包括通过政府财力实施的蓝绿空间、交通市政设施、公共服务设施等和以市场开发主体为主的建设项目）、近期暂无实施具体安排的区域，采用差异化的详细规划编制深度。向上与《专项规划》衔接，向下为后续具体更新和开发明确底线管控要求。

特别是对于近期暂无实施具体安排的区域，仍然难免存在点状的基础设施工程项目建设、项目选址等需求。基于推动项目实施的考虑，仍然需要通过单元 / 街区层面的详细规划编制工作，在比《专项规划》单元更加细化的范围内，进一步明确基础性、公益性及经营性要素的底线规划要求。

4.4 空间活化更加安全：场地调查的前置和并联

  大吴淞地区长期是钢铁、化工、物流等传统工业集聚区，针对地区可能存在的土壤重金属污染（如铅、镉）、有机物污染（如苯系物、多环芳烃）及深层地下水污染风险（如氯代烃迁移），本次规划设计工作采用"环境风险预判＋空间方案协同"模式，前置开展场地调查工作。通过系统性识别污染空间分布情况，进一步与规划设计方法双向互动，平衡开发效率与生态安全，实现从"被动治污"到"主动防控"的转型，避免规划实施后因土壤和地下水环境问题导致的二次修复成本，为地区详细规划编制及土地资源高质量利用提供助力和保障。

  具体来说，采用"污染调查＋规划编制＋城市设计＋风险治理＋规划实施"并联式协同模式，在前期规划设计阶段，通过各环节的同步介入与动态反馈，满足多维协同的"环境安全＋空间品质＋开发效率"城市更新需求。

  一是摸清污染现状，支撑规划调整。控制性详细规划的编制中，将土壤污染风险前置纳入用地布局设计。通过开展地块土壤污染初步调查、详细调查以及风险评估工作，精准识别土壤及地下水污染范围、类型及程度，为后续规划调整和功能布局优化提供数据支撑。二是衔接城市设计，开展绿色治理。采用"城市设计—污染治理"联动机制，因地制宜制订"一地一策"绿色治理策略，根据土壤污染风险治理动态优化城市设计和用地平衡，实现空间布局美化与生态修复的融合，提升空间安全利用效率。三是推动规划实施，提高开发效率。将开发时序和绿色治理深度耦合，确保绿色管控措施与开发需求匹配，降低污染治理成本，缩短开发周期，提高规划蓝图落地实施效率。

  在传统单线串联模式下，规划、设计、调查、治理等环节往往遵循单向递进的线性逻辑，存在信息反馈滞后、协同效率不足等问题。随着复杂系统治理需求的提升，建立多维耦合模式，在耦合框架下，规划层与治理层实时校准目标导向，设计端深度嵌入调查数据，治理实践反哺规划设计优化，实现资源集约化利用、要素多维度协同和问题系统性化解。通过建立规划引领、设计创新、调查支撑、治理反馈的动态循环体系，形成双向信息流交互、多线程并行推进的工作机制，显著增强工作的适应性和科学性。

  在地质安全方面，大吴淞地区的地质灾害主要包括地面沉降、地基变形、边坡失稳、砂土液化、水土突涌、岸带冲淤、浅层天然气害和地面塌陷等类型，同时面临极端天气事件频发、工程建设活动增加等因素对地质安全的影响。在规划编制和方案设计阶段，有计划开展地质安全风险调查、开展安全防治区划分与防控。在建设实施及日常运行中开展巡查和排查、地质灾害检测预警和信息化建设等，有助于进一步增加规划设计的科学性，规避可能存在的地质安全风险，提升城市韧性。

城绿共融

以蓝网绿脉治愈空间痼疾

近代以来的螺旋式发展, 使大吴淞地区充满各个历史阶段遗留下来的空间痼疾, 与未来产业定位和城市环境差异巨大。"先蓝绿、再建城, 先地下、后地上"是大吴淞地区高品质规划建设工作的基本原则, 这既是响应国家"绿色低碳、美丽中国、人民城市"发展理念的积极举措, 也是大吴淞通江达海区位特征对城市韧性的客观要求, 同时也是一举扭转地区长期以来给人留下的灰暗、封闭印象, 实现地区形象由灰变绿的重要抓手。

一方面, 大吴淞地区需要重新安排生态空间、公共空间的布局, 优化城市实体与空间本底的关系, 需要实现地区整体空间格局的提升。在重新布局的蓝绿空间中, 实现多样复合的功能, 在优化环境的同时为减碳和固碳作出吴淞贡献。

5.1 绿色低碳稳固安全韧性

5.1.1 韧性与低碳交织共存

　　大吴淞地区位于长江和黄浦江河口，成陆时间较晚，受冲积平原地质条件影响，地势低平，土质松软，地面沉降和塌陷。同时，吴淞口又处于面对风暴潮的要冲位置，尤其是在台风、暴雨、高潮位、上游来水的"四碰头"的情况下，各种极端灾害因素的叠加对大吴淞地区产生巨大冲击。

　　根据国家气候中心年度《中国气候公报》，结合专业机构和学者相关研究，至2100年模拟"四碰头"风暴潮最高潮位8.5米，未来5至10年还存在变化的可能性。保障生态安全和提升城市韧性是大吴淞未来发展道路上的"刚需"，也是蓝绿空间构建中要达到的重要目标。

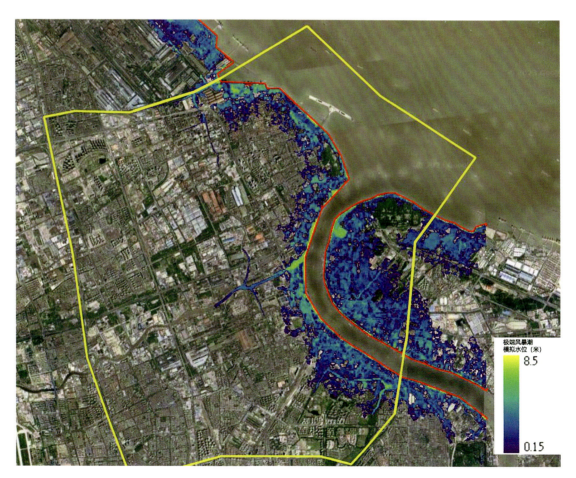

大吴淞地区 2100 年在极端气候条件下潮位模拟示意图
资料来源：吴淞创新城及周边地区绿色低碳发展研究项目

　　除了要面对与水有关的极端气候之外，大吴淞的韧性还必须考虑绿色低碳的面向。一方面，大吴淞地区长期以来以钢铁、物流为主的产业体系，是典型的高碳行业代表；另一方面，未来区域的整体更新转型，所对应的巨大建设规模，预计也将对地区的整体碳排放形成压力。同时，落实上海市"南北转型"的发展要求，服务国家、全市碳达峰、碳中和战略，宝山区，特别是大吴淞地区，提出建设绿色低碳转型样板的发展要求。因此，如何在一个传统高碳产业集聚地区的整体转型过程中，实现绿色低碳发展，无疑是大吴淞地区韧性发展的题中之义。

1927 年《上海市地图》（局部），红色线条为今天的海堤，距老海堤约 1 公里
资料来源：《上海城市地图集成》

5.1.2 综合性绿色低碳策略

针对大吴淞地区安全韧性需要和绿色低碳目标共存的状况，将安全韧性与绿色低碳策略合二为一，形成综合性的策略组合，即"3Rs"策略，包括减少排放（Reduce）、修复生态（Restore）和工程除碳（Remove）。"3Rs"策略需要在全生命周期和全系统基础上，通过减碳策略及行动，最大限度地减少运营碳排放和隐含碳排放，避免过度依赖碳汇和碳捕集，利用修复自然环境和工程技术从大气中去除碳，以抵消残余排放。大吴淞"3Rs"的目标是最大限度减少碳排放，以实现《巴黎协定》将全球变暖限制在 1.5℃的目标。

具体来看，通过大幅和快速减少碳排放，可减缓并最终阻止大气中碳的积累。减少排放的措施包括在建成环境全生命周期、全系统层面上，通过能源电气化、网络化、智能化，以及改善材料循环性和废弃物处理等手段形成有效的脱碳方案，大幅和快速减少碳排放，减缓与改善，最终阻止大气中碳的积累。需重点关注的是，在全生命周期的减碳策略中，包含减少运营碳、减少隐含碳排放两大领域。

修复生态，即通过修复生态系统以发掘并加强除碳能力及碳库能量，增强森林、湖泊、海洋等自然生态系统的固碳能力，以减缓和适应气候变化。需重点关注的是，修复生态包括修复陆地生态系统、海岸线和海洋生态系统，以及城市生态系统三大领域。

在不可能完全不排放二氧化碳，且已经排放的碳将继续推动全球变暖的前提下，在减少排放的同时，必须"扩大排水口"，考虑如何把这些不得不排放的二氧化碳固定下来，利用技术和工程开发等创新方法，工程除碳从大气中移除碳，并将其永久封存。通过人为工程方式（投资与研发、评估碳捕集和利用技术的应用性、规模化发展途径，测试成本效益并了解潜在意外后果等），工程除碳从大气中捕集并移除碳，将之封存或加以利用。需重点关注的是提高陆地碳捕集和固碳能力，增强海洋碳捕集和固碳能力，通过科技手段进行碳捕集、利用与封存等。

具体到空间、产业和城市活动，将"3Rs"策略进一步分解至生态空间、产业发展、绿色建筑和绿色交通四大专题，同时兼顾国内、国际的示范作用，进一步明确各方面策略建设的重点。

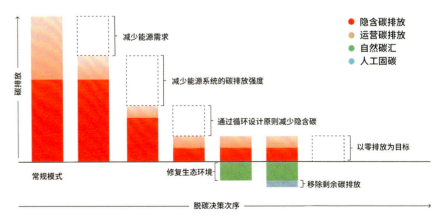

通过"3Rs"策略实现净零排放目标的路线图
资料来源：吴淞创新城及周边地区绿色低碳发展研究项目

四大专题	国内示范 以低碳为目标，以绿色低碳策略构建城市基底	国际示范
减少 Reduce · 修复 Restore · 移除 Remove → 生态空间	1. 构建生态安全格局 2. 打造韧性滨水岸线 3. 提升碳汇能力	碳汇能力 (绿色基建)
产业发展	1. 通过创建绿色工厂试点，构建循环经济体系 2. 完善产学研绿色创新 3. 绿色低碳供应链	绿色工厂 (创新技术)
绿色建筑	1. 超低能耗技术 2. 智慧能源系统 3. 循环建筑减排技术	循环建筑 (全生命周期建筑减碳)
绿色交通	1. 打造多元交通模式新能源示范区 2. 绿色多层级、一体化换乘枢纽体系 3. 全流程绿色智能物流体系	行为改变 (社会科学)

从"3Rs"策略到四大专题的具体策略
构建技术路线
资料来源：吴淞创新城及周边地区绿色
低碳发展研究项目

新建用地内的**地面绿化覆盖面积中乔灌木占比**≥**70%**

乔木	• 元宝枫 • 中华槭 • 罗浮槭 • 光皮树 • 樱桃	• 榉树 • 梓树 • 铜钱树 • 红楠 • 朴树 • 椤木石楠 • 大叶冬青 • 樱花 • 日本女贞 • 山楂	• 鸡爪槭 • 枫杨 • 杨梅 • 浙江柿 • 胡桃 • 刺槐 • 栾树 • 丁香 • 三角槭 • 枇杷	• 紫椴 • 紫叶桃 • 桃 • 牛筋条 • 豆梨 • 梧桐 • 厚皮香 • 油柿 • 七叶树 • 重阳木	• 喜树 • 盘槐 • 黄连木 • 紫薇 • 泡桐 • 海滨木槿 • 木槿 • 胡桃楸 • 柿 • 杜仲	• 乌冈栎 • 垂柳 • 糙叶树 • 乌桕 • 麻栎
灌木	• 火焰柳 • 马甲子	• 火棘 • 风箱果 • 木绣球 • 海仙花 • 十大功劳	• 小叶女贞 • 八角金盘 • 凤尾兰 • 牡丹	• 金钟花 • 金丝桃 • 栀子 • 日本绣线菊 • 杜鹃	• 云锦杜鹃 • 八仙花 • 贴梗海棠 • 结香 • 蜡梅	• 醉鱼草 • 木芙蓉
其他	—	• 蔓长春花 • 中华常春藤	• 金银木 • 猕猴桃 • 美国凌霄 • 箬竹	• 大花萱草 • 玉簪 • 美人蕉	• 慈孝竹	• 荷花 • 鸢尾
固碳能力等级 单位叶面积的日 固碳量(g/m²)	**弱** <4	**较弱** 4~6	**中等** 6~10	**较强** 10~12	**强** >12	

植物固碳能力分级示意
资料来源：吴淞创新城及周边地区绿色
低碳发展研究项目

风廊网络　　　　　　　　　生态廊道网络

水廊网络

多元功能复合型生态廊道
资料来源：吴淞创新城及周边地区绿色低碳发展研究项目

■ **生态空间**

作为高密度城市，大吴淞地区通过更新所建构的生态网络应实现"多功能、复合型"发展。具体来说，是要将蓝绿空间与城市风廊、动物迁徙、河道水网、碳汇空间有机结合进行规划设计，探索高度城市化地区"气候正向＋自然向好"的新范式。

在大吴淞地区形成 2 条主要通风廊道。地块内主要通风廊道走向宜接近夏季主导风向（东南向），以利于区域夏季通风，冬季地块内宜避免冬季西北偏西向廊道，以利于地块内冬季防风御寒，主要通风廊道宽度≥ 200 米，各主要通风廊道贯穿场地的大面积绿源。另布局 5 条次级通风廊道。次要通风廊道宽度≥ 50 米，与主要通风廊道走向一致，并贯穿所在片区内城市主干道、密集建设区域及周边绿源（如友谊公园、蕴藻浜等），同时与邻近的主要通风廊道连通，辅助主要廊道，形成局部通风网络。

在风廊道布局结构基础上，叠加动物迁徙廊道，打通关键廊道的未连通区域，实现与生境核心斑块及廊道间的生态联系；在主要生态廊道与高速公路交会处，利用涵渠或生态廊桥等方式建设动物迁徙通道，避免高速公路对栖息地的割裂；防止鸟类横穿道路时发生冲撞，在路段两侧种植高大乔木，引导提升鸟类飞行高度，使其安全飞跃高速路上方，保持安全的飞行高度；在蕴藻浜河口水利枢纽为主的区域，预留鱼道空间，保证鱼类迁徙洄游不受阻碍。

在城市韧性风险较大的区域，利用生态廊道网络塑造更具适应性的生态空间，尤其是沿长江和黄浦江一线。结合模型模拟、现状、规划道路及地块等，识别海岸带受海平面上升和风暴潮影响的严重入侵区。海岸带严重入侵区应遵循适应性设计原则开发地块和建筑楼宇，建议区内建筑应设置高程保护及抗浮设计（规定建筑设置建筑首层标高、外立面材质选择等）；区内地块应考虑交通疏散方案；基于现有水系、地形、绿地、规划道路及地块边界，在区内增设抢险河道；增加海岸淡水及半咸水湿地，以缓冲风暴潮影响。

生态廊道的植物选择，优先种植固碳能力高的本地乡土植物。根据植被单位叶面积的日固碳量，植被的固碳能力分为 5 个等级，优先选择固碳能力等级较高的植被，同时兼顾本地乡土植被的种植以及为鸟类等野生动物提供食源、蜜源类植被。

■ **绿色交通**

绿色交通贯穿规划设计、建设、运营管理，实现交通体系全生命周期的碳减排策略。交通能源结构转型是碳减排重要着力点，持续增加新能源设施及相关产业链配置，加速交通能源结构转型，使货运交通具备更大减碳空间。构建"外围物流中心—共配中心—微集散点—客户或智能柜"货运物流体系，减少重型货车进入核心区，实现全流程货运车辆新能源化。在吴淞创新城外围附近设置集中共配中心，实现服务全覆盖；共配中心主要位于绿地及公共服务设施用地、靠近新城主要对外交通廊道。结合客运微枢纽设置物流微集散点，提升"最后一公里"物流服务覆盖。

图例
共配中心
3km覆盖范围
微集散点
对外交通廊道
匝道

大吴淞货运及物流系统示意图
资料来源：吴淞创新城及周边地区绿色低碳发展研究项目

	二产先进制造	生产性服务业	三产服务业
构建产业循环经济	• 构建"资源+产品+再生产"的循环经济模式 • 采用"工业上楼"模式布局绿色工厂，增补资源化利用研发及生产链条	• 吸引面向循环再生产、技术研发相关专业服务企业入驻，增补生产性服务业链条	
打造低碳创新产业	• 完善规划低碳创新产业的CCUS产学研合作 • 构建规划常规产业的CCUS产学研合作 • 增补氢气研发应用产业链	• 持续完善规划低碳创新产业、常规产业的CCUS产学研合作 • 增补氢气应用成果商品化链条	• 持续完善规划低碳创新产业、常规产业的CCUS产学研合作
建设绿色低碳供应链)	• 补充循环经济、低碳创新产业龙头企业自身业务远期拓展、趋势研判、战略合作等商务服务	• 增补低碳创新、循环经济下游\成长型企业所需的融资、注册、税务等商务服务 • 推动企业碳核查、碳认证	• 企业碳核查、碳认证 • 鼓励氢能国际贸易 • 推动多主体联合参与气候投融资业务 • 争取建设碳交易试点

全过程

绿色低碳视角下的产业发展策略
资料来源：吴淞创新城及周边地区绿色低碳发展研究项目

低碳产业

本节是从绿色低碳角度对大吴淞的产业发展提出规划策略，旨在以产业低碳化发展为基础，构建低碳创新产业及其支撑体系。通过产业循环经济体系增补资源化利用生产链条。新材料是宝武在吴淞现有规模化低碳产业基础、已规划产业、宝山区碳达峰实施方案中明确的核心低碳产业门类，建议通过"资源—产品—再生产"的循环经济模式，面向已规划新材料产业门类，收集产品在生产过程中产生的废弃物，实现资源化再利用。利用已入驻企业产品再生产的大环境，持续吸引与循环再生产、技术研发相关的下游小规模企业入驻，以增补资源化利用生产链条，最终形成新材料等项目重点绿色产业发展循环经济的全链条模式。由于项目适用产业综合用地（M0）政策，并以工业和研发混合作为主要功能，建议将新材料循环经济模式布局于 M0 地块；基于 M0 的用地性质及主导功能，结合新材料产业特性，建议采用"工业上楼"模式，布局绿色工厂，作为新材料循环经济试点。

打造面向低碳创新产业的碳捕集利用封存技术产学研合作体系。碳捕集利用与封存（CCUS）是钢铁行业实现碳中和的关键性技术，2022 年 1 月宝武与澳大利亚矿产资源企业必和必拓（BHP）、上海交大、中南大学及东北大学联合签署了低碳钢铁生产技术（包含 CCUS 技术研究等）战略合作协议。基于协议，建议布局宝武与必和必拓及三大高校的 CCUS 合作研究中心，合作探索和制定钢铁 CCUS 技术路线，形成 CCUS 多方联合策源创新体系。

推动金融基础设施机构和金融机构依法参与创设、交易碳衍生品等绿色金融相关业务，形成服务业与工业联动。基于政策指引与项目产业特性，传统金融机构与重点产业 / 企业共同参与推广绿色信贷、绿色债券、绿色保险等业务类型，资金专用于支持符合规定的绿色环保企业入驻发展自身环保相关业务。入驻金融机构及绿色企业参与碳衍生品交易业务，即把碳衍生品当作商品进行交易，如当前国内发展相对成熟的碳金融衍生品（碳期货、碳期权等）。

绿色建筑

大吴淞地区建筑总量大，包含既有建筑和新建建筑，并涵盖丰富的建筑类型。既有建筑的节能水平较低，亟待更新改造。既有建筑建设时期的设计理念、技术水平和建材使用与当前建筑存在较大差异，因使用年限过长或维护不当出现结构老化、设备陈旧、能耗高等问题。

随着社会经济发展和人民生活水平提高，既有建筑的改造需求日益迫切。核心区内现存大量遗留厂房、部分历史文化建筑，以及场地边界内的大量老旧居住建筑有待更新改造。

新建建筑中，工业科创类建筑比例较高，能源需求高，对建筑节能提出了挑战。规划区内的新建建筑需遵循本地及区域规划要求，按照绿色建筑及超低能耗建筑建设。其中大量规划工业用地应发展具备绿色节能特效的工业科创建筑。

建筑隐含碳，指建筑原材料获取、制造、运输、安装、维护和处置过程中产生的温室气体排放。其占总碳排放比例较高，因此在建筑减碳道路中拥有较高的机遇。单一的产品或策略无法减少建筑的隐含碳，需要针对不同的建筑以及建筑建造与使用的不同阶段引入不同层级的措施。

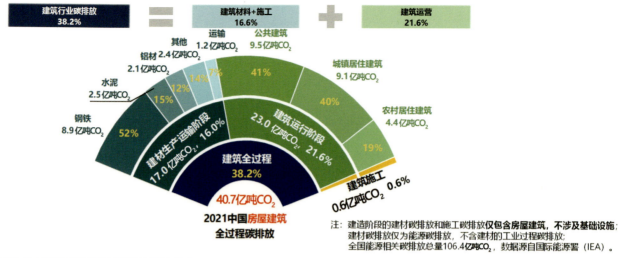

2021 年中国房屋建筑群过程碳排放因素组成
资料来源：吴淞创新城及周边地区绿色低碳发展研究项目

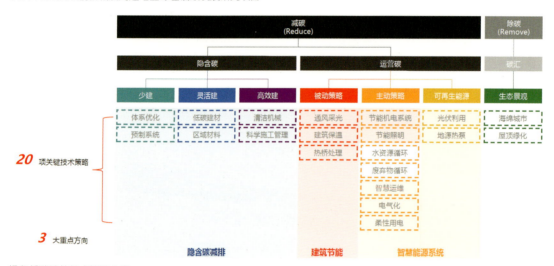

绿色低碳建筑技术策略方案
资料来源：吴淞创新城及周边地区绿色低碳发展研究项目

推荐度			全过程			居住建筑	工业科创	商业办公	教育机构	文体中心	交通枢纽
优先推荐 ● / 较推荐 ◑ / 推荐 ○			设计	施工	运维						
隐含碳	少建	体系优化				○	●	●	●	◑	●
		预制系统				●	○	◑	○	●	◑
	灵活建	低碳建材				●	●	●	●	●	●
		区域材料				●	●	●	●	●	●
	高效建	清洁机械				●	●	●	●	●	●
		科学施工管理				●	●	●	●	●	●
运营碳	被动策略	通风采光				●	●	●	●	●	●
		建筑保温				●	●	●	●	●	●
		热桥处理				●	●	●	●	●	●
	主动策略	节能机电系统				○	●	◑	◑	●	●
		节能照明				○	●	◑	◑	●	●
		水资源循环				●	●	●	◑	●	◑
		废弃物循环				●	●	○	○	○	◑
		智慧运维				○	●	◑	○	◑	◑
		电气化				●	●	●	●	●	●
		柔性用电				●	●	●	●	●	●
	可再生能源	光伏利用				●	●	●	●	●	●
		地源热泵				●	●	●	●	●	●
碳汇	生态景观	海绵城市				●	●	●	●	●	●
		屋顶绿化				●	●	●	●	●	○

按建筑类型分类的绿色低碳技术策略推荐
资料来源：吴淞创新城及周边地区绿色低碳发展研究项目

为实现绿色可持续建筑，需在建筑全生命周期和全过程基础上开展行动，遵循"3Rs"路径，在建筑侧通过减少和移除的方法，减少建筑隐含碳和运营碳（与使用建筑物进行供暖、制冷、照明、通风和其他能源消耗活动相关的碳排放）排放，并结合碳汇的手段达到节能减排，实现"碳达峰"和"碳中和"目标。结合场地建筑本底分析，汇总有助于实现绿色低碳建筑的关键性技术，形成技术策略方案。

根据在本底分析中探讨的建筑类型，结合 20 项关键技术策略和三大重点方向，明确每项策略重点关注的阶段以及不同的推荐等级，以便识别和优先考虑。此外，针对不同建筑类型还应强调重点参考策略，以指导实践中的应用和实施。这些策略的选择和优先级的确定，旨在促进建筑设计和施工过程中的技术创新和效率提升。

5.1.3 前瞻性低碳指标体系

从理念到实践，从规划到实施，有必要在大吴淞地区构建具备先进性、适用性、落地性的绿色低碳指标体系，指导下一步的规划、设计、建设、运营工作。

在指标选取上，重点考虑先进性、适用性和落地性要求：结合国家政策、国际案例、行业标准等分析，确保指标体系既具有国际先进，也符合本地特色；面向"构建低碳城市基底 + 落地国际零碳实践区"的两大破题难点，实现用指标作为破题抓手，将指标体系量化为四大专题目标；指标覆盖从区域协调、规划建设、运营管理延伸至低碳成效全生命周期，既有系统化，也有实施性。

对于大吴淞地区当前所处的更新阶段来说，针对中观层面的规划和建设指标是其中的核心指标，包括生态空间、产业发展、绿色建筑和绿色交通 4 个方面 28 项指标。后续随着地区更新转型的推进，运营管理和实施评估阶段的指标体系建设也将提上日程。

绿色低碳指标体系在现阶段聚焦双碳规划与建设
资料来源：吴淞创新城及周边地区绿色低碳发展研究项目

领域	指标编号	指标	单位	2035 年目标值	指标特色	全过程管理 规划	全过程管理 建设	全过程管理 运营	参考来源
生态空间	1	提升完善生态廊道	—	是		✓	✓		《上海市宝山区碳达峰实施方案（2023 年）》
	2	河湖水面率	%	≥10.5	本地特色	✓			《宝山区水利规划（2021—2035 年）》《上海市城市总体规划（2017—2035 年）》
	3	竖向设计考虑城市韧性要求	—	有	国际先进	✓			案例（汉堡港口新城）
	4	屋顶绿化率	%	≥30		✓	✓		《上海市屋顶绿化技术规范》沪绿容〔2015〕330 号
	5	地面绿化覆盖面积中乔灌木占比	%	≥70		✓	✓	✓	《上海市新城绿色低碳试点区建设导则（试行）》沪建绿规〔2022〕119 号
产业发展	6	M0 用地综合利用	—	项目适用产业综合用地（M0）政策，允许混合配置工业、研发、仓储、公共服务配套用途等功能，其中主导功能以工业、工业和研发混合为主	本地特色	✓			《上海市关于推动"工业上楼"打造"智造空间"的若干措施》沪府办规〔2023〕21 号
	7	推动"工业上楼"	—	推动轻生产、低噪声、环保型企业"工业上楼"	本地特色	✓			
	8	工业战略性新兴产业产值占规模以上工业总产值比重	%	≥45				✓	《上海市推动制造业高质量发展三年行动计划（2023—2025 年）》
	9	推动碳捕集利用与封存（CCUS）应用场景	—	有	本地特色	✓	✓	✓	《零碳园区创建与评价技术规范》T/SEESA 0110—2022
	10	推动绿色金融产业发展	—	承接绿色金融改革创新试点工作，建立区域特色的绿色金融体系，鼓励金融机构开发碳金融产品和衍生工具，支持区内龙头企业发行绿色债券	本地特色			✓	《宝山区建设全市绿色低碳转型样板区的实施意见》宝建〔2023〕23 号
绿色建筑	11	新建建筑超低能耗建筑比例	%	2025 年新建居住建筑执行超低能耗建筑比例 50%；2030 年新建民用建筑全面执行超低能耗建筑标准		✓	✓	✓	《上海市宝山区碳达峰实施方案（2023 年）》
	12	新建建筑绿色建筑二星以上建筑比例	%	100		✓	✓	✓	《上海市新城绿色低碳试点区建设导则（试行）》
	13	新建建筑降碳率	%	≥30				✓	零碳建筑技术标准（征求意见稿）
	14	既有建筑节能改造示范	项	每个建筑类型 1 项		✓	✓	✓	《上海市宝山区碳达峰实施方案（2023 年）》
	15	绿色建材应用比例	%	≥30			✓		《绿色建筑评价标准》GB/T 50378—2019
	16	装配式单体建筑比例	%	100		✓	✓		《宝山区建设交通领域建设全市绿色低碳转型样板区三年行动计划（2023—2025 年）》宝建〔2023〕23 号
	17	新建公共建筑电气化比例	%	≥20		✓	✓		《城乡建设领域碳达峰实施方案》建标〔2022〕53 号
	18	建筑屋顶光伏建设比例	%	到 2025 年，新建建筑 100% 落实屋顶光伏建设，包括新建政府机关、学校、工业厂房等建筑屋顶安装光伏的面积比例不低于 50%；其他类型公共建筑屋顶安装光伏的面积比例不低于 30%；到 2025 年，既有公共机构、工业厂房建筑屋顶光伏覆盖率达到 50% 以上；到 2030 年，实现应装尽装		✓	✓		《上海市碳达峰实施方案》沪府发〔2022〕7 号《宝山区建设交通领域建设全市绿色低碳转型样板区三年行动计划（2023—2025 年）》宝建〔2023〕23 号
绿色交通	19	绿色交通出行比例	%	力争达到 85		✓	✓		《上海市宝山区碳达峰实施方案（2023 年）》
	20	设置超低排放区	—	设定"超低排放区"（ULEZ），大力推行清洁能源交通出行方式	国际先进	✓	✓	✓	案例（伦敦斯特拉福德）
	21	公共领域电动车比例	%	新能源公交车比例 100%，物流配送、环卫、邮政等公共领域的新增或更新车辆原则上使用纯电动车或燃料电池汽车比例 100%		✓	✓		《上海市宝山区碳达峰实施方案（2023 年）》《中国（上海）自由贸易试验区临港新片区交通领域低碳发展行动方案》沪自贸临管委〔2022〕141 号
	22	新建公共区域停车场（库）配建充电设施的停车位比例	%	≥15		✓	✓		《上海市新城绿色低碳试点区建设导则（试行）》
	23	公交站点 500 米覆盖率	%	达到 100		✓	✓	✓	《国家绿色生态城区评价标准》GB/T 51255—2017
	24	公交和轨道换乘距离 50 米内接驳比例	%	达到 90				✓	《关于绿色交通发展情况报告》（北京）《轨道站点与常规公交、慢行交通一体化规划导则》（厦门）
	25	全面形成支撑 15 分钟生活圈的城市物流配套设施	—	是		✓	✓		《中国（上海）自由贸易试验区临港新片区交通领域低碳发展行动方案》沪自贸临管委〔2022〕141 号

大吴淞地区绿色低碳指标体系

资料来源：吴淞创新城及周边地区绿色低碳发展研究项目

5.2 蓝网绿脉重回生态基底

5.2.1 蓝绿交织的自然历史本底

　　大吴淞地区位于冈身以东，是典型的高乡地区，历史上水系充沛，水脉通达。浦江西岸横塘纵浦、港汊泾浜，东西向河道平行于蕰藻浜，基本上都是宽度10～20米的窄河道，如沙浦、湄浦、浅弄河等；南、北泗塘垂直于蕰藻浜，是南北向河道中最宽的，达到45～50米，其他南北向河道几乎平行于南、北泗塘，其中东随塘河是修筑海堤（水门汀塘）时同时开挖形成的。浦江西岸，纵塘横浦；浦江东岸，曲水洄环，指纹状的河道形态是最显著的地理特点。

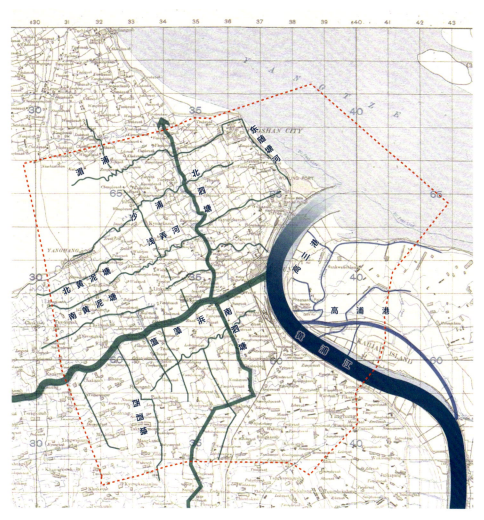

1927年大吴淞区域历史水系格局图
资料来源：《大吴淞地区专项规划》

大吴淞地区水系格局示意图
资料来源：《大吴淞地区专项规划》

大吴淞地区蓝绿空间格局示意图
资料来源：《大吴淞地区专项规划》

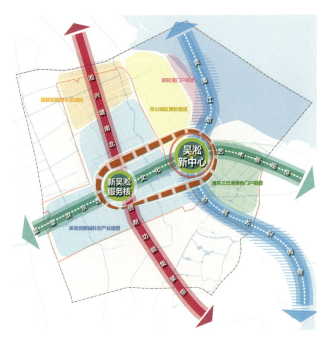

大吴淞地区空间结构示意图
资料来源：《大吴淞地区专项规划》

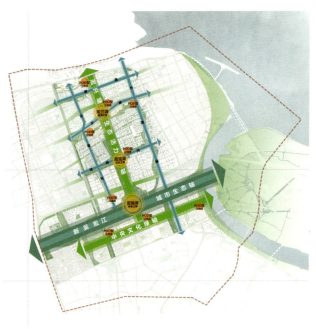

大吴淞地区空间结构示意图
资料来源：腹地蓝绿地区景观设计深化

5.2.2 城水共融的空间特色

大吴淞专项规划在空间格局上的重点策略之一，就是通过恢复历史水系、连通现有水系等措施，一方面增加水动力，形成完整水网；另一方面形成地区组团化的"洲岛"空间特色，打破原有大工业地区封闭的大尺度空间格局。其中，蕴藻浜以北区域恢复历史上的南北向河道，沟通现状横向水系，如湄浦、沙浦、浅弄河等；蕴藻浜以南区域结合不锈钢区域转型，恢复东西向水系，沟通周边纵向水网，如南泗塘、西泗塘等；三岔港区域进一步自然化水系走向，恢复和强化地区历史上曲水洄环水系格局特征。

蓝绿交织、水绿共融，城市生态空间既是生态功能的核心载体，也应是城市功能、活动的重要空间。通过生态空间与公共活动空间的结合、加强景观设计、导入活动功能等措施，进一步激发蓝绿空间的复合功能，充分发挥综合效应。

重塑大吴淞地区 110 平方公里空间整体结构，着力打造城市北部"三江交汇、上海之门"的标志形象和"蓝绿交织、清新明亮、城水共融、低碳睿智"的区域整体意象，将主要河道或航道作为城市发展脉络的起始点，充分考虑黄浦江、蕴藻浜、淞兴塘的核心廊道功能，形成一横两纵水绿交织空间带，包括黄浦江都市滨水空间带、蕴藻浜东西文化艺术景观带和淞兴塘南北创新功能集聚带。在"水水相交处"形成城市节点，黄浦江一蕴藻浜交汇区，浦东、浦西两岸功能联动，空间意向高低呼应，形成城市公共中心，承载主城区北部城市副中心功能；营造绿色、开放、融合式的城市环境，重点强化尺度适宜、功能互补、格局清晰、特点鲜明的空间组织模式，形成包括吴淞创新城科创产业组团、高铁站枢纽片区组团、邮轮港门户组团、宝山城区更新组团和浦东三岔港绿色门户组团在内的"五组团"。

由此演化出"一轴通江海、两卷绘山水、三泖定都心、五廊融蓝绿、九渡遇江南"的城水共融空间特色。其中，"一轴"将城市腹地与黄浦江联系在一起，形成新吴淞江（蕴藻浜）城市发展轴，包含吴淞城市副中心和新吴淞地区中心两个重要的城市节点。其中，吴淞城市副中心横跨黄浦江两岸，是上海唯一一个跨江而设的城市副中心。"两卷"分别是"十里画卷"中央文化轴和"淞兴塘"生态活力轴。其中，"十里画卷"呈现完整的中国古典园林风貌，用最柔美的江南园林打破最刚硬的钢铁遗存（详见 7.2）；用蓝绿廊道空间淞兴塘连接高铁宝山站和吴淞新中心，使长三角到达高铁站的人群，在良好体验和高连通度的环境中，通过充满创造力的空间到达大吴淞最核心的地区。"三泖"分别为淞兰湖宜居之泖、淞宝湖文化之泖和淞南湖未来之泖，它们也是淞兴塘生态轴线上最重要的设计节点。"五廊"（湄浦、沙浦、浅弄河、沈师浜、北泗塘）上形成"九渡"（9 个生态门户），位于大吴淞的主要出入节点，是让人们"遇见"江南的首到之处。

"第一眼江南"示意图
资料来源：两江沿岸地区景观深化设计

海上门户示意图
资料来源：腹地蓝绿地区景观设计深化

5.2.3 复合融合的蓝网绿脉

从人的感知视角思考布局风景与城市。作为江南的一部分，大吴淞在从钢铁之城转变为创新之城的过程中，整体环境也随之经历再自然化的过程，再次恢复到"江南"的状态，大地景观由"硬"变"软"，都市环境由"刚"变"柔"。当然，再自然化并不意味着恢复到工业化之前完全乡村化、郊野化的状态，而是融入都市，为新的功能和创新人才的引入提供现代化与人性化的环境条件。

大吴淞的"第一瞥"在吴淞口、黄浦江畔。借鉴传统中国空间设计理念，强调三进礼序的连续性、传承和变迁，同时弘扬文化传承、咏颂大江大河的气魄，致力将吴淞滨江塑造成新时代的上海门户。

"遇见江南"是希望出站见风景、入城即江南，浦西和浦东的两岸江南要联系在一起。在大吴淞的关键出入口，尤其是江河入口、交通枢纽、主要交通出入口等区域，构建 9 个门户公园，打造 9 段濒海江南特色风貌。

通过门户公园进入大吴淞后，快速的都市通勤逐步切入到精美的江南场景。通过布局不同方式的公共交通，衔接骑行、跑步、漫步、游船的组合式慢行体系。结合城市节点，将轨道站点、公交站点及码头立体穿插链接，形成多维体验、多层感知的立体景观系统；结合重要风景节点，将轨道站点、公交站点及码头相对分散布置，打造动线与公园穿插的风景融合型景观。

走过一幕幕江南场景，便步入一处处江南街巷，与城市创新活力空间高度融合。运用"塘、浦、泾、浜"等江南空间语言，以水作为组织城市公共空间的动因，枕水而居、傍水工作、倚水休憩，营造多样的滨水公共空间。以庭院作为群体的中心，建筑空间与庭院相互渗透，大树作为院落中心，多个庭院的组合使建筑空间得以紧密联系。

未来岛与"十里画卷"的立体联动

资料来源：腹地蓝绿地区景观设计深化

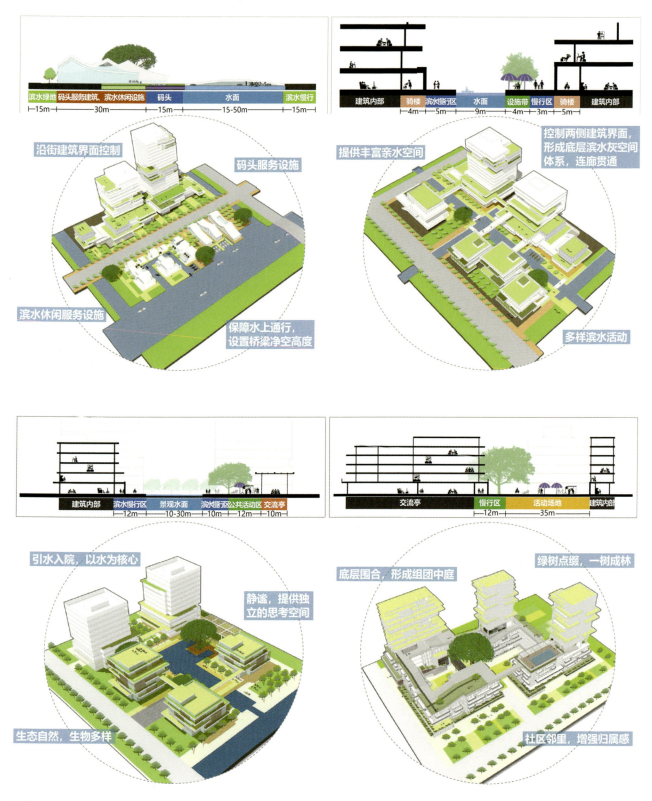

滨水绿地 / 码头服务建筑、滨水休闲设施 / 码头 / 水面 / 滨水慢行
15m / 30m / 15m / 15-50m / 15m
净空2-5m

沿街建筑界面控制
码头服务设施
滨水休闲服务设施
保障水上通行，设置桥梁净空高度

建筑内部 / 骑楼 / 滨水慢行区 / 水面 / 设施带 / 慢行区 / 骑楼 / 建筑内部
4m / 5m / 9m / 4m / 3m / 5m

提供丰富亲水空间
控制两侧建筑界面，形成底层滨水灰空间体系，连廊贯通
多样滨水活动

建筑内部 / 滨水慢行区 / 景观水面 / 滨水慢行区公共活动区 / 交流亭
12m / 10-30m / 10m / 12m / 10m

引水入院，以水为核心
静谧，提供独立的思考空间
生态自然，生物多样

交流亭 / 慢行区 / 活动场地 / 建筑内部
12m / 35m

底层围合，形成组团中庭
绿树点缀，一树成林
社区邻里，增强归属感

传统水乡空间语言的现代演绎
资料来源：创新潮头组团城市设计

5.3 土方资源加强综合利用

5.3.1 土方资源综合利用的背景要求

根据《上海市人民政府办公厅关于全面加强建筑垃圾管理的实施意见》（市府办〔2024〕56号），针对土方要构建产消平衡的处置体系。一是要求推动源头减量，在项目规划、立项、设计文件中，增加工程土方消纳平衡内容，通过提高标高、地形塑造等方式提升工地回填利用比例，减少土方外运。二是要求提升消纳处置能力，成片开发地区要结合地区"七通一平"等方案，研究确定地块标高控制要求。郊区要在2025年年底前，实现土方消纳区内平衡。市级重大工程、中心城区工程项目土方消纳不能实现所在区内平衡的，需统筹市级消纳场所托底消纳。三是要求强化资源化处理，制定建筑垃圾资源化利用建材产品推广应用办法和强制使用标准。大吴淞地区作为上海"北转型"重要载体，也是成片开发的重点地区，需积极响应市府要求，统筹开展土方资源综合利用工作，在全市做出探索和示范。以大吴淞浦东三岔港地区为例，基于对现状地形和竖向特点的客观分析，统筹土方消纳平衡、特色地形塑造等多元诉求，积极探索土方资源综合利用总体策略。

5.3.2 客观分析明确总体导向

以浦东三岔港地区为例，积极响应全市总体要求，首先开展现状分析研判。现状地形方面，沿江防汛墙、码头处较高，高程以5.0—7.0米为主；地块中部以林地为主，高程3.0—3.9米，存在较多陡坎，部分区域高差较大，总体地形呈现出"四周高、中间低"的"碟状"特征，具备消纳土方的先天基础。

从城市安全方面考虑。面临全球变暖、海平面上升和雨洪危机等未来极端气候时，三岔港地区位于规划黄浦江挡潮闸保护范围以外，存在淹没风险。需要未雨绸缪，按照千年一遇标准，通过抬高防汛墙高度、整体抬升地面标高等方式做好应对。

从空间环境方面考虑。三岔港范围内现状凌桥社区地面典型标高为5—6米，从防洪排涝、空间形态等各方面考虑，未来新建项目地面标高都不会低于这一标高。此外，按照黄浦江千年一遇防汛标准，未来防汛墙高度应达到7.6米左右。为确保黄浦江沿岸贯通公共空间品质和良好的观江、亲水效果，也需要抬高地区内部标高，避免防汛墙对滨江空间的割裂和对观江视线的遮挡。

综合上述条件，在三岔港地区开展土方资源综合利用，对于平衡土方产消、减少环境污染、强化资源化处理、促进可持续发展以及提升城市环境品质具有重要意义。鉴于此，三岔港提出了打造市级土方资源利用示范样板区的总体目标，明确了减少自身出土量、增大消纳潜力的总体导向。

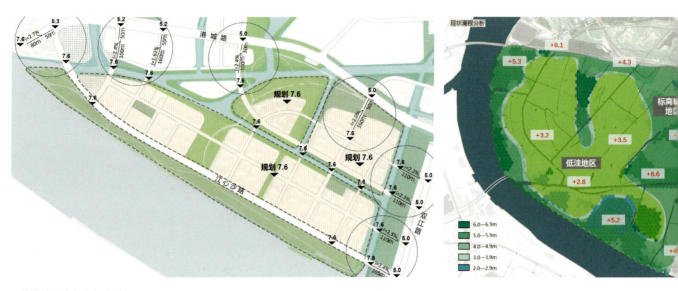

三岔港地区高程特征分析图
资料来源：三岔港土方资源利用专项研究

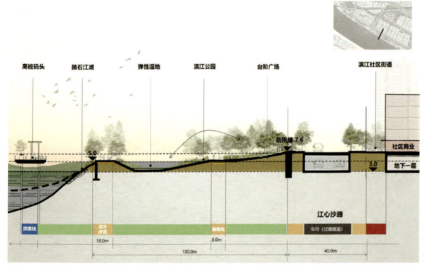

三岔港滨江岸线"堤路一体"竖向设计断面图(单位：米)
资料来源："上海之门"浦东片区三岔港楔形绿地景
观规划设计国际方案征集

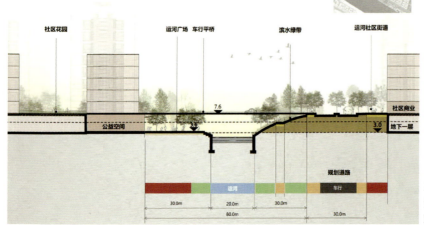

三岔港内部社区临水空间竖向设计断面图(单位：米)
资料来源："上海之门"浦东片区三岔港楔形绿地景
观规划设计国际方案征集

5.3.3 因地制宜创造特色空间

在明确通过抬升地坪标高方式进行土方消纳的基本判断后，三岔港地区随即开展方案研究，思考如何通过竖向设计，在安全纳土的基础上，为未来地区发展营造更多的空间景观特色，创造更多的综合效益。

对于沿江地区，结合防汛标高要求，通过堤路一体设计抬升道路标高，优化交通组织，创造丰富多样的滨水岸线和开放空间。通过堤路结合实现水城链接，催生出更为活跃的滨水品质生活。

对于腹地开发地块，在现状较低的地势基础上抬高地坪，有助于减少地下空间的开挖工程量，实现源头上的土方减量。针对临河地块，竖向设计的丰富变化将带来"多首层"的界面概念，创造为居民服务的底层滨水公共空间和亲水驳岸，进一步激发社区活力，活化社区生活圈氛围。

三岔港内部社区临水空间效果示意图
资料来源："上海之门"浦东片区三岔港楔形绿地景观规划设计国际方案征集

三岔港翡翠山效果示意图
资料来源："上海之门"浦东片区三岔港楔形绿地景观规划设计国际方案征集

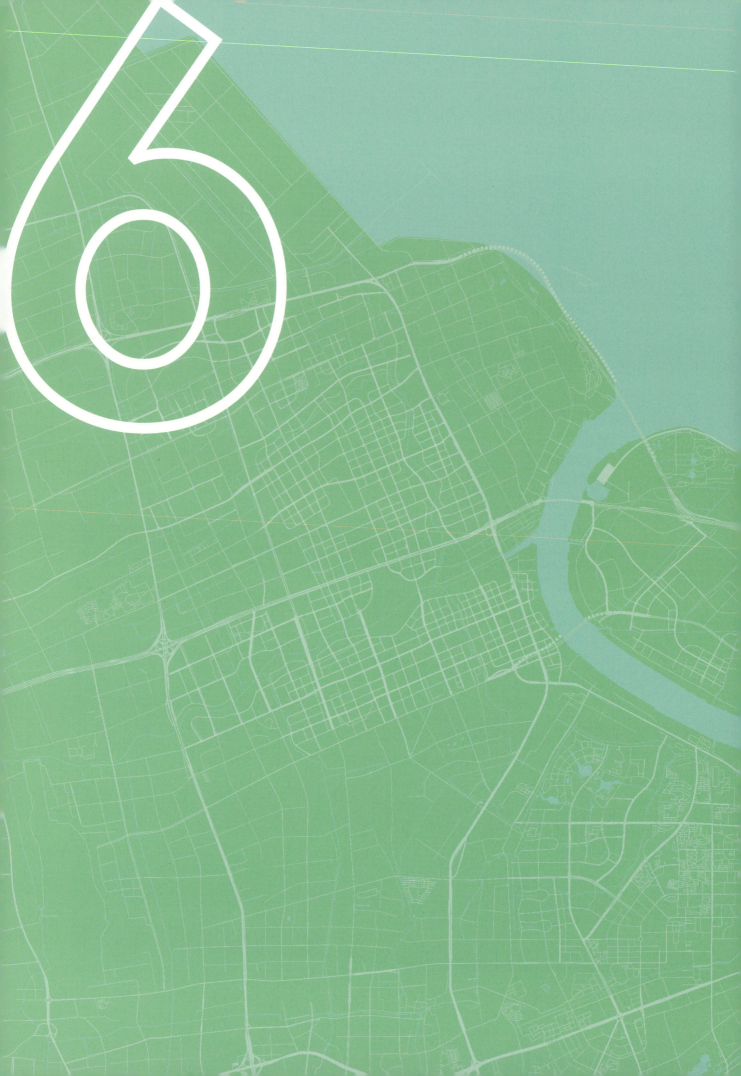

新质焕活

以产业转型推动空间提质

产业发展是大吴淞历史上的底色，也是大吴淞在新时期的担当。抛开产业谈发展，无异于无源之水。大吴淞现有的空间格局、基础设施、服务配套、环境风貌等，几乎都是为了满足原有钢铁产业的发展而进行布局的，在当时的历史条件下有其合理性和必要性。

没有产业的转型就没有城市的更新，而产业转型的深度又决定了城市更新的高度，其内容、形式、功能互为因果。本章将从大吴淞的现状评估谈起，作为上海产业用地综合绩效评估的实验地，大吴淞为全市推广绩效评估、低效用地转型夯实了理论和实践基础。在此基础上，结合大吴淞本身具备的产业基础条件，引入面向未来的产业体系。产业功能决定了空间形态，过去工业化时代留下的遗存空间将进行适应性改造和利用。

6.1 产业用地综合绩效评估

6.1.1 "四步走"评估工作方法和分类指标体系

产业用地综合绩效评估不是"就亩产论英雄"，而是一项综合性评估方法。通过全要素信息汇集、建立评估体系、开展评估分类、编制处置方案四个步骤推进评估分级。

其中，建立评估体系是关键环节。按照《上海市产业用地综合绩效评估指标体系》，应用覆盖基础表征（Representation）、综合效率（Efficiency）、治理导向（Governance）多维指标的REG产业用地综合绩效评估指标体系，综合确定适合大吴淞地区的指标和对应定量指标分值评估所需的权重、推荐值，开展产业用地综合绩效评估工作。

基础表征维度反映用地的直观利用情况，如空间品质、空置程度、产业能级、用地集约程度，以及是否符合所在区域的产业发展导向等方面；综合效率维度表现用地的综合产出效率，包括经济产出、节能环保、创新驱动能力，以及提供就业岗位的社会功能等内容；治理导向维度则是指产业退出、安全保障、合同履约等底线管控要求。

在确定定量评估指标权重与理想值的基础上，分步测算各维度分值，加总形成最终综合评估分值，并按照划分标准确定 A、B、C、D 四类用地。

产业用地综合绩效评估与分类处置方式"四步走"
资料来源：城市更新公开课

6.1.2 产业用地绩效亟待提升

在原吴淞工业区范围内（约 26 平方公里），有产业用地 594 幅，其中以工业用地为主（占72%），兼有一定比例的仓储（占 27%）和少量的研发。央企用地规模大，占 55%；市属国企占18%；区属国企占 2%；以及镇村企业、私企占 25%。

土地开发利用情况呈现"两多、两低、一普遍"的特征。"两多"是指土地空置多，近 10%的产业用地和近 20% 的已建成物业呈空置状态；老旧厂房多，区域内五分之一以上产业用地物业为老旧厂房。"两低"是指开发强度低，建筑密度和综合容积率偏低，工业用地平均建筑密度仅为 30%，近三分之一低于 15%；工业用地平均容积率仅约 0.6，近三分之一低于 0.3；地均产出较低，2022 年工业用地地均税收 175.21 万元 / 公顷，仅为全市规划产业区块平均水平（423 万元 / 公顷）的五分之二。"一普遍"是指工业用地普遍改变实际用途，约三分之一产业用地用于其他用途（商办、绿地、居住用地等）。

经分类研判，按地块面积统计，大吴淞区域 A 类用地 1.22 平方公里、占比约 5%，B 类 4.65平方公里、占比约 20%，C 类 10.3 平方公里、占比约 44%，D 类 7.31 平方公里、占比约 31%，即大吴淞区域需要整改（C 类）、整治退出（D 类）的现状低效产业用地占产业用地总面积的70% 以上；其中，央企占 51%、市属国企占 18%、区属国企占 2%。

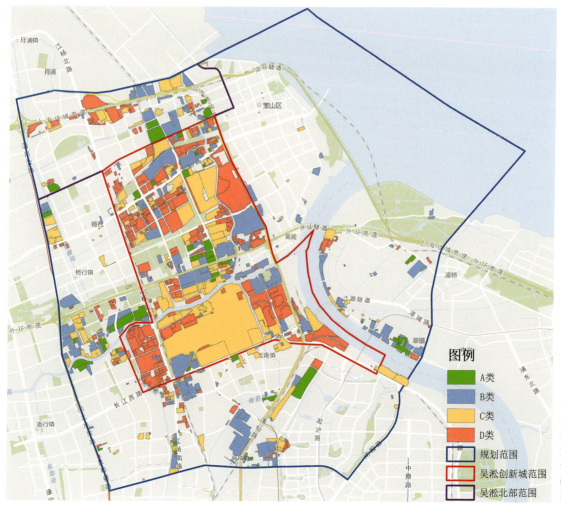

图例

- A类
- B类
- C类
- D类
- 规划范围
- 吴淞创新城范围
- 吴淞北部范围

大吴淞地区产业用地评估结果分布情况
资料来源：吴淞创新城产业用地综合绩效评估试点成果报告

6.1.3 低效产业用地盘活与综合效益提升

对待低效产业用地，从原先"征（收）—储（备）—供（应）"优化为以"盘（活）—整（备）—赋（能）"为主的资源配置方式，落实总规导向，盘好总量、结构、布局三本账；通过建立土地整备提质增效等多方利益，平衡机制，明确项目定位、功能结构引导，加强业态策划和设计赋能，提升城市功能、优化人口分布、促进职住平衡、推动均衡发展。在收储（收回）再供应基础上，探索创新存量补地价供应方式以及组合、复合和时空配置，并细化土地资源配置方式和供应路径。突出系统思维、价值穿越，强化"四资"（资源、资产、资信、资金）贯通、经济平衡、投资决策、价值实现，通过评估测算、虚实联动、数字赋能，实现资产价值彰显和成本减负。基于数字设计成果开展数字空间期权配置研究，探索数字三维、孪生空间确权登记和运转流转机制。

在大吴淞的实验探索基础上，上海市规划和自然资源局牵头印发《上海市低效产业用地再开发政策工具箱（1.0 版）》，明确 6 大类与 20 小类政策工具的法规依据、适用情形、操作路径和责任部门，系统构建上海低效产业用地再开发的应用场景和实施路径。在摸清全市产业用地基本情况后，上海在 2025 年年初制定了《关于支持工业经济发展 加强规划资源要素保障的指导意见（2025 版）》，全面涵盖产业用地规划管理的全周期、全要素、全流程，促进产业用地精准配置、集约高效利用和健康有序发展，进一步优化工业企业营商环境。

上海近年关于产业用地绩效评估与资源保障效益提升的相关文件
资料来源：上海市规划和自然资源局

3大核心产业

环保低碳　**新材料**　**智能制造**

顺应新时代发展的环保低碳将作为大吴淞的核心招牌，推广先进经验至全球市场

承接宝钢制造优势的新材料和智能制造产业，是大吴淞立足未来发展的核心支柱

新兴技术支撑平台

邮轮航运　新能源（氢能）　科创转化
医疗器械　新一代信息技术　产业金融

融入市产业格局，错位发展优势，突出其成本优势和人才基础，拓展对外的反向"科研飞地"和产业基金投资平台

产业服务支撑平台

总部经济　工业旅游　生态休闲
新兴消费　商贸物流　内容生成

围绕地区形象和产业配套服务，对接大吴淞资源基底，发挥工业遗产和水岸价值，营造人地友好生活生产环境

6大细分优势产业　　　　6大服务拓展产业

大吴淞地区可承载产业环节分析
资料来源：大吴淞地区空间发展战略集成创作产业定位研究报告

大吴淞地区—宝武集团为核心的环保低碳产业布局基础
资料来源：大吴淞地区空间发展战略集成创作产业定位研究报告

环保低碳产业细分方向
资料来源：大吴淞地区空间发展战略集成创作产业定位研究报告

6.2

构建面向未来的产业体系

6.2.1 创新引领的产业定位

本书第 2 章详细分析了大吴淞地区的历史成因和产业溯源，从而可以清晰地看到大吴淞独特的空间特征和人群聚集。与旧改或是商办地区更新转型不同，重工业地区的整体更新一定不能追求完全跳脱原有的产业基础，凭空植入某个或某几个功能门类，而是要将原先单一的产业门类转变成多样化的，将原先工业和仓储功能转变为都市型产业，与周边城市环境紧密融合起来。在维持一定延续性的基础上，谋求产业的转型和升级。

在后新冠疫情时期，有一些产业发展的趋势已经悄然发生变化。一是工业回流，以集成电路、生物医药、人工智能三大先导产业为引领，大力发展电子信息、生命健康、汽车、高端装备、先进材料、时尚消费品六大重点产业，打造具有国际竞争力的高端产业集群；二是前沿科技带动新兴产业，支撑引领新材料、智能制造与机器人等重点产业发展，加速无人系统、氢能、6G 等前沿战略技术突破；三是绿色低碳，上海目前已布局五大产业赛道（未来健康、未来智能、未来能源、未来空间和未来材料），氢能、高端能源装备、低碳冶金、绿色材料、节能环保、碳捕集利用与封存，推动"双碳"目标与动能增长互促共进。[《上海市瞄准新赛道促进绿色低碳产业发展行动方案（2022—2025 年）》]

当前，在宝山区建设上海科创中心主阵地、国际大都市主城区、全市绿色低碳转型样板区，锚定邮轮旅游、绿色低碳、生物医药及合成生物、机器人及智能制造、新材料、新一代信息技术六大产业的背景下，宝武钢铁集团的长期在地发展在给大吴淞地区带来更新转型的需求之外，也留下了良好的产业发展基础。特别是依托宝武特种冶金有限公司、节能环保园、碳中和产业园等载体，新材料、智能制造、绿色低碳等重点产业发展已初具规模。

未来大吴淞地区的产业发展，以国家战略为指引，以自身优势为基础，构建以智能经济、低碳经济为引领，以邮轮经济、枢纽经济为特色的现代产业发展体系。围绕环保低碳、新材料、智能制造三大核心产业，构建"3+6+6"产业发展体系，塑造新时期大吴淞都市制造中心的功能和形象。

在三大核心产业中，环保低碳产业进入 3.0 时代，绿色发展体系上升至新高度，绿色生态、低碳减碳、节能循环相结合，统一目标、宏观统筹，形成生产、流通、消费发展经济体系。在顶层体系逐渐完善与政策重点支持下，产业发展前景广阔。大吴淞地区的传统高耗能、高污染企业中，部分已有绿色发展布局和领先成果，但目前对地区暂未形成带动效应。未来，大吴淞地区聚焦能源替代、减排减碳、环保工程、环保服务和废旧资源回收再利用，打造引领长三角、辐射全国的产业高地和品牌示范。

新材料方面，各级政策关注下游领域拉动需求，新材料产业战略地位持续提升，市场规模迅猛扩张，进入蓬勃发展加速期。新材料本身已经成为宝山区重要的"产业新标签"。当前以金属基础材料优势为核心，拓展纳米关键战略材料、石墨烯、超导等前沿材料领域。在这个领域，大吴淞地区的在地创新资源优渥，以宝钢股份、上海大学、上海材料研究所为代表的企校研机构平台在周边广泛分布。新材料产业可重点关注先进钢铁及有色金属材料、先进化工材料、前沿新材料，以及可与下游应用行业对接的领域。

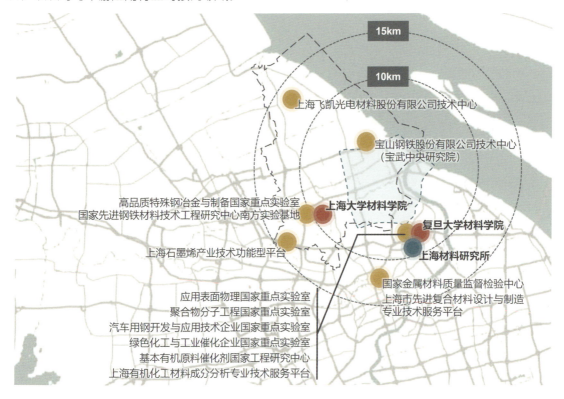

大吴淞地区周边有着丰富的新材料产业平台资源
资料来源：大吴淞地区空间发展战略集成创作产业定位研究报告（普华永道）

		产业发展基础	区域竞合分析	关注建议
原材料细分领域	先进金属材料	A 可依托宝钢股份的钢制品主业，依托宝武金属的镁、铝、钛等轻金属材料	规划宝山为先进金属材料千亿级产业集群	● 关注
	先进化工材料	B 华谊集团具有化工基础，且在2023年被列为上海新材料领域"工赋链主"培育企业	上海化工材料以金山区为重点发展区域	◗ 关注
	先进无机非金属材料	宝武集团在无机非金属材料领域有初步布局	嘉定、闵行、奉贤重点规划方向	◔ 不关注
	前沿新材料	C 宝山超能新材料科技园已形成优势	张江、临港、宝山等地均有布局	◕ 关注
应用细分领域	生物医用材料	医疗装备、功能性植/介入材料等对金属材料有较大需求，为宝山优势产业	可服务于宝山北上海生物医药高端制造集聚区，及张江、临港等生物医药集群	◕ 关注
	新能源汽车材料	宝武集团在轻量化材料、储氢材料方面具备先发基础优势	上海形成完整新能源汽车产业生态，产值列全国首位，主要分布于临港、嘉定	◕ 关注
	高端装备材料	宝武集团在钢铁等金属材料、碳纤维复合材料等方面具备先发基础优势	机器人、航空、能源装备、船舶与海工均为上海重点产业，需求较大，可协同发展	◕ 关注
	节能环保材料	D 宝山重点规划宝武碳中和产业园，且工业低碳转型企业较多	上海率先瞄准绿色低碳产业方向并出台政策，将在碳捕获、绿色建材等领域发力	◕ 关注
	……			

新材料产业细分方向
资料来源：大吴淞地区空间发展战略集成创作产业定位研究报告

智能制造产业方面，全球持续推进智能制造转型升级，覆盖领域向"全链条"变革，生产方式关注"跨系统结构重组"，国际龙头企业的领先优势依旧显著。智能制造产业链涵盖多个关键层面，已构成完整的生态系统。其中，机器人、工业互联网、高档数控机床及智能仓储发展前景广阔。国家层面颁布多项政策推动中国智能制造发展进程，"十四五"提出制造业实现数字化转型、网络化协同、智能化变革的发展目标。关注长三角沿海发展带城市智能工厂建设需求，从传统升级、新兴探索两方面提供技术与服务，打造研发与展示中心。

在新兴平台方面，邮轮产业无疑是大吴淞地区的一个重要亮点和增长点，全球邮轮产业较快复苏，未来将持续增长，中国市场起步晚、发展迅速但规模较小，政策助力中国邮轮产业全面提升；新一代信息技术行业规模不断壮大，创新能力凸显，具备国家战略支撑，作为宝山四大主导产业之一，积极布局为区域产业数字化转型赋能；产业金融方面，结合低碳环保核心产业，关注碳交易、绿色债券和绿色基金方向，助力打造区域绿色发展样板；借助产业引导基金设立一站式基金服务体系，推动科创阵地建设。

在服务平台方面，工业旅游发挥地区工业基底深厚的优势，未来可依托吴淞工业区风貌保护街坊及蕴藻浜和黄浦江岸线作为工业旅游特色载体；在内容生成方面，放大上大美院效应，充分发挥"锚机构"作用，结合人才供给及区域发展需求，聚焦数字艺术、设计与公共艺术及互联网广告等细分内容领域发展。

层次	关键细分领域	主要技术	主要企业类型	行业趋势	本地供需	区域竞合	政策支持	关注建议
	智能制造服务 A 智能硬件 B	· 工业设计 · 跨领域技术	· 智能制造服务商 · 消费电子生产商 · 工业设计企业 · 医疗企业等	· AI大模型赋能智能制造，**工业设计**属于落地相对较快的智能制造环节	· 技术供给：上大美院**工业设计人才**培养 · 企业需求：本地汽车维修等行业有一定的转型升级需求	上海打造智能终端行业竞争激烈，张江与漕河泾为重点区域，但重点为**电子元器件、汽车、物流、工业与健康**，在智能家居等领域仍有一定机会	· 《"十四五"智能制造发展规划》大力发展**数字化设计、远程运维服务、个性化定制**等模式 · 《上海市先进制造业发展"十四五"规划》：宝山重点发展**机器人及智能硬件**，包括**智能家居/车载/穿戴/医疗设备**等	智能硬件与服务
	自动化生产线 C 智能工厂	· 系统集成及自动化生产解决方案	· 智能工厂系统集成商 · 工业智能化解决方案提供商	· 智能工厂成为**绿色低碳**议题中重要组成	· 企业需求：未来**新能源产业、高端船舶**发展、现有**物流产业转型**等 · 技术供给：**上海发那科智慧工厂**引入机器视觉、人工智能等技术，实现了生产过程中的智能化控制和优化	江苏省关注布局智能示范工厂，宝山所在的长三角沿海发展带智能制造发展需求旺盛	· 《"十四五"促进中小企业发展规划》布局中**小企业数字化促进工程**，推进其**生产过程柔性化及系统服务集成化**等 · 《上海市高端装备"十四五"规划》鼓励高端装备企业拓展**智能制造系统集成业务**；2025年建设高端装备**市级智能工厂40家以上**	智能工厂
	机器人 D 智能机床 增材制造	· 机器人方案 · 智能装备方案 · 3D打印技术	· 智能装备生产商 · 零部件生产商	· AI大模型**为具身智能技术突破**提供重要驱动力 · 高档数控机床下游需求旺盛、企业技术进步，推动国产数控系统进口替代	· 技术供给：发那科在机器人及高档数控机床等有较高的市场优势，**上海目前主要以机器人研发为主**，落位机器人产业园，北京以数控机床为主	**机器人产业园**（大吴淞范围内，吴淞创新城范围外）已形成优势，但存在一定的溢出需求	· 《上海市先进制造业发展"十四五"规划》：宝山重点发展**机器人及智能硬件**等 · 《上海市促进医疗机器人产业发展行动方案2023—2025年》推进松江G60科创走廊、宝山机器人产业园、临港生命蓝湾等联动发展，培育医疗机器人产业新增长点	机器人
	工业软件 E 工业互联网 F 智能芯片	· 信息处理技术 · 网络传输技术	· 数据硬件开发 · 云计算企业 · 工业以太网、总线技术企业 · 无线传输技术企业	· **5G与云计算**发展推动**工业互联网**再上新台阶 · 工业机理模型软件化趋势	· 技术供给：**宝武**启动"**工业大脑战略计划**"，自主开发国家级跨领域工业互联网平台宝联登（xIn³Plat），已建设运营宝之云超算中心	云计算产业主要规划落位松江新城 宝信软件总部在张江，与创新城未来可能存在竞争，但可关注技术应用合作	· 《上海市高端装备"十四五"规划》：搭建工业互联网平台，支持装备制造企业搭建**垂直行业工业互联网平台**	工业大脑
	传感器、RFID 机器视觉	· 传感感知技术 · 信息采集技术	· 传感器、红外设备、射频生产商等	· Meta AI发布SAM有望对**机器视觉产生革命性的影响**	· 技术供给：清华大学、天津大学等**京津地区**高校及传感器国家工程研究中心等机构建立智能传感器中视服务平台	以**嘉定区**为智能传感器重点区域	· **汽车电子**是**智能传感器**最大的应用领域，《嘉定区关于支持智能传感器及物联网产业发展的若干政策实施细则》鼓励发展智能传感器	暂不考虑

智能制造产业细分方向

资料来源：大吴淞地区空间发展战略集成创作产业定位研究报告

以研发办公业态为主的产业街区单元
资料来源：创新潮头组团深化设计

以智能制造业态为主的产业街区单元
资料来源：创新潮头组团深化设计

6.2.2 前瞻融合的产业布局

明确了产业发展的方向之后，如何将它们布局在合适的位置，使生产、生活、生态能够实现"三生融合"，并与地区转型和更新节奏相匹配，并不是一件容易的事情。

按照产业转型与城市更新有机同步的思路，通过多核联动、产业集成等策略，规划大吴淞产业的空间落位。

总体上，与地区空间结构的调整优化相匹配，产业空间布局同样由单中心辐射向多核心、多层次延展，形成五大产业中心，打造五大特色核心IP。如高铁宝山站枢纽商贸中心，面向商业服务、营销宣传等一体化综合片区，打造24小时活力商贸中心，挖掘吴淞品牌IP；科创总部中心，重点关注应用类研发、技术验证、总部办公，挖掘吴淞科创IP；工业文化中心，基于传统工业区精细化改造及历史沿革探寻，完善并提升吴淞文化体系，塑造鲜明的区域文化IP，吸引创意人群留驻，发展创新创意产业，同时为产业技术人才提供创新灵感；邮轮休闲中心，围绕吴淞国际邮轮码头，打造国际一流的邮轮母港，培育邮轮旅游服务业及相关衍生产业，提高区域吸引力和国际影响力，塑造滨水旅游IP；绿色金融展贸核心，依托优质水岸、绿地资源，为大吴淞企业提供技术展示平台，突出绿色低碳产业优势，塑造低碳核心产业IP，为科创人才、技术人才及其家庭提供大城市稀缺的与自然共荣的社区及休闲环境，形成人才吸引及留存优势。

围绕五大中心，引领四大产业集聚区的发展。科创领航区以宝山站、科创总部形成双核心，联动内外资源和需求，带动区域向科技服务、研发和智能制造转型。核心产业重点关注新材料、环保低碳、智能制造、科创转化、新能源、医疗器械、总部经济、商贸物流、新一代信息技术。工业文化产业区导入设计类高校，改造工业遗址孵化文创产业，促进设计和前沿技术的融合，聚合展商贸一体服务中心。核心产业重点关注新材料、环保低碳、内容生成、新兴消费、新一代新兴技术、新能源、科创转化。邮轮经济集聚区发挥邮轮母港和公共服务配套优势，配合长滩、阅江汇等项目，打造国际游客和本土居民交会的新消费示范区。核心产业重点关注邮轮航运、新兴消费、生态休闲。绿色低碳产业区串联黄浦江两岸景观、文化资源，以大吴淞环境整治成果的最佳展示舞台为目标塑造绿色生态产业核心。核心产业重点关注总部经济、环保低碳、产业金融、工业旅游、新兴消费、内容生成、生态休闲。

在更加微观的层面，通过产业集成的策略，促使产业空间实现由仅关注生产效率向融入多元城市功能集成的转变。适应创新人才工作强度大、节奏快、工作与生活高度融合的工作特征，按照5分钟步行时间，在300米左右空间尺度组织基本产业街区模块，力图实现从单一功能的办公园区到混合共享的复合街区、从单调封闭的产业园区到开放互联的活力街区，从单个主体的科创园区转变到多元弹性的共治街区。

整体上，联合办公、孵化、共享实验室、数据中心、路演展示、中试生产中心等共享功能集中于街区模块中心布局。围绕共享设施优先布局中小型企业，促进不同发展阶段的企业开展协同创新。结合建筑首层及公共空间，打造具有在地特色的第三空间。就近提供生活及配套服务设施，促进产城融合理念的落实。

大吴淞地区风貌保护街坊示意图
资料来源：上海市风貌保护街坊风貌价值评估甄别结论汇总

上海第一钢铁厂旧址文物保护点范围
资料来源：作者根据相关资料绘制

6.3

工业遗存的适应性活化利用

6.3.1 工业遗存的辨别和施策

自开埠以来长期作为工业区的发展历程，给大吴淞地区留下了丰富的工业风貌遗存。不管是历史遗留下来的建筑物、构筑物还是纪念地，都不应仅仅被视作遗存简单保存或灭失。应该看到，目前遗留的建构筑物和场地空间，是原先产业的载体，更是工艺在空间上的痕迹。产业转型后，建构筑物和场地空间都应顺应面向未来的产业体系进行适应性的活化和再利用，这就是所谓的"Back to A Future"——先退一步向着未来前行。

2016 年，BS-111（半岛 1919 创意园）、BS-112（玻璃厂、不锈钢厂、煤气厂、钛合金厂）两处地区分别被列为上海市第一批里弄住宅风貌保护街坊和工业遗存风貌保护街坊。其中，以上钢一厂为主体的 BS-112 工业遗存风貌保护街坊面积达到约 4.7 平方公里。2017 年，上海第一钢铁厂旧址、上海第五钢铁厂旧址、上海宝山钢铁总厂办公楼、吴淞煤气厂旧址等被认定为宝山区文物保护单位。其中上海第一钢铁厂旧址文保点范围达到约 3 平方公里。较大的保护面积和整体性的风貌和文保点认定，最大程度地为地区保留了历史风貌和遗存，但同时也使得地区的更新和转型在缺乏更加细致甄别研究的情况下，受到不小的制约。

半岛 1919 创意园（上棉八厂旧址）
资料来源：上海吴淞工业区宝武特钢区域控制性详细规划研究

不锈钢厂（上海第一钢铁厂旧址）
资料来源：上海吴淞工业区宝武特钢区域控制性详细规划研究

特钢厂（上海第五钢铁厂旧址）
资料来源：上海宝山发布微信公众号

上海第一钢铁厂前身是抗日战争时期日本侵略者建设的日亚制钢株式会社吴淞工场，1949年后由国家和人民接收改造为上海钢铁公司第一厂。1949—1998年间，一钢经历了三次较大规模的工程建设和发展。20世纪50年代至60年代，相继建成2座255立方米高炉、无缝钢管、二转炉、三转炉、码头、铁路等；70年代至80年代，相继建成钢板生产线、型钢生产线；90年代，相继建成750立方米高炉、3台132平方米烧结机和2500立方米高炉。一钢因此发展成为生产普碳钢材为主、铁钢生产平衡的大型钢铁联合企业。1998年，上海地区钢铁工业开展战略重组，一钢成为原宝钢集团的子公司，建设成为不锈钢精品基地。2000年之后，不锈钢工程及其扩建工程先后建成并投产，至此一钢拥有了世界上第一条不锈钢、碳钢联合生产线。与此同时，厂区内先后关闭、拆除了一批老产线，包括原轧钢厂、平炉、二炼钢、三炼钢、钢板厂等，新建一批生产线，包括热轧厂和冷轧厂等。可以看到，从上钢一厂到宝武不锈钢厂，经历了多次大修改造，改善了厂房、场地条件，更新了技术装备，改进了连续铸锭工艺，形成配套完整的炼铁、炼钢、热轧、冷轧等世界一流的全流程不锈钢生产线。

2016年6月20日，原宝钢不锈钢2500立方米高炉在生产完最后一炉铁水后，圆满完成肩负的历史使命，正式画上历史性的句号。2018年6月，随着最后一个钢卷下线，原宝钢不锈钢产线正式关停，宣告国内第一条五机架不锈钢和碳钢混合冷连轧完成其光荣的使命。随后，原不锈钢生产设备开始了长距离搬迁，主要设备拆除，原址留下的多为设备基台、部分构筑物和装纳设备的厂房等。

经历多轮工艺的提升和厂房的改造，目前现存建筑主要为20世纪90年代后建造，与上钢一厂的历史相比，年代其实并不久远。生产设备也留存不多，工业风貌价值更多地体现在承载钢铁生产工艺流程的空间序列及这一系列的核心构筑物和标志性建筑物上。

在空间格局方面，整体呈现以中部铁路线为重要记忆线索，各生产板块围绕两侧布局的"线形＋组团式"总体空间格局。从某种程度上说，铁路交通系统见证了不锈钢厂区域工业技术改进和厂区空间发展格局的演变历程，串联了各生产环节，其生长和布局是不锈钢厂钢铁生产技术更新换代和厂区空间发展格局演变的重要体现。在此基础上，由炼钢区和炼铁区组成的"T形"区域在功能工艺上是最具代表性的、展现不锈钢厂"铁"与"钢"两大核心要素的风貌区域，在建构筑物布局上是厂区铁路交会及生产设备、建筑物、构筑物等汇集的代表性和多样性区域。

不锈钢厂区域建筑、构筑物分布图
资料来源：《上海市宝山区吴淞创新城 26、27 更新单元控制性详细规划（BS-112 风貌保护街坊保护规划）》

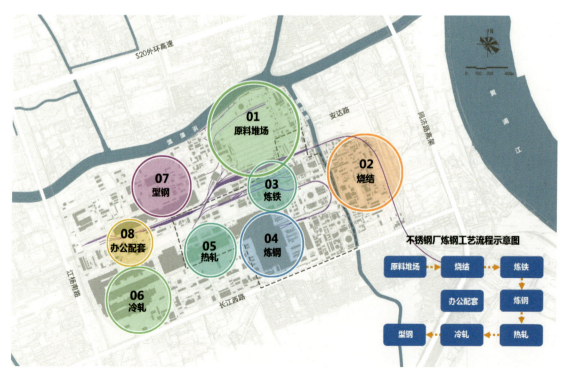

不锈钢厂区域生产流程布局示意图
资料来源：《上海市宝山区吴淞创新城 26、27 更新单元控制性详细规划（BS-112 风貌保护街坊保护规划）》

不锈钢厂区域建筑年代示意图
资料来源：《上海市宝山区吴淞创新城 26、27 更新单元控制性详细规划 (BS-112 风貌保护街坊保护规划)》

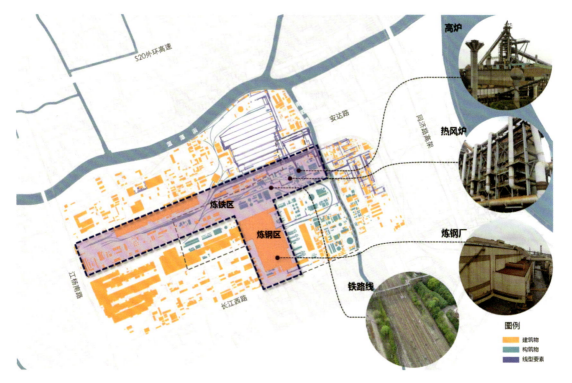

不锈钢厂区域 T 形区域示意图
资料来源：《上海市宝山区吴淞创新城 26、27 更新单元控制性详细规划 (BS-112 风貌保护街坊保护规划)》

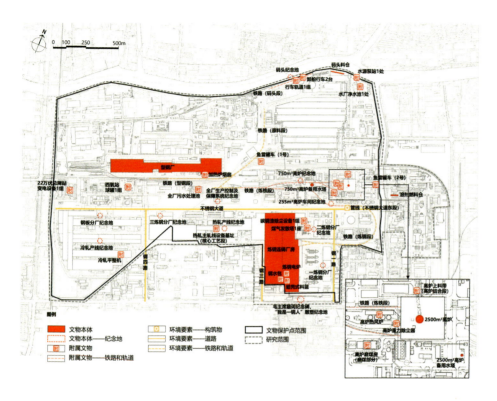

上海第一钢铁厂旧址文物保护点文物甄别结论
资料来源：上海第一钢铁厂旧址文物保护对象甄别研究（阶段方案，最终以正式公布的成果为准）

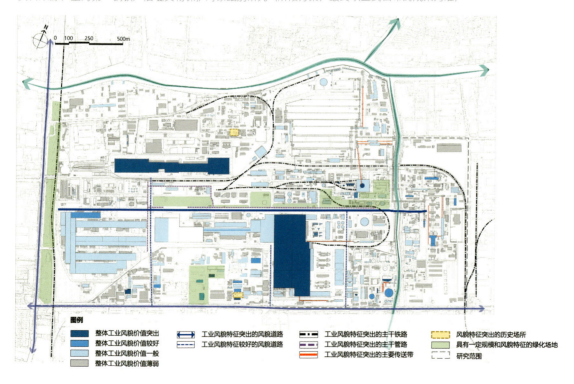

宝山区 BS-112 街坊风貌评估结论汇总
资料来源：宝山区 BS-112 风貌保护街坊整体评估研究（阶段方案，最终以正式公布的成果为准）

针对原先风貌保护街坊划示和文物保护点认定中面积大、针对具体保护对象的要求不够明确的情况。2023年，上海市规划和自然资源局、宝山区规划和自然资源局组织开展宝山BS-112风貌保护街坊的风貌评估工作，以工业遗存全局性、结构性的保护思路，对风貌保护街坊4.7平方公里区域范围内现状工业遗存进行新一轮评估，并结合未来更新导向、功能定位，对工业遗存提出保留、利用等分级分类处置方法。以保护产业文脉，延续历史记忆为核心的点、线、面结合的工业遗存保护思路，重点保护风貌价值突出的、具有代表性的工业遗产资源，结合工艺生产流线保持工业遗产格局，确保核心风貌资源不流失，识别建筑物、构筑物、道路、历史场所和绿化场地等风貌保护要素。在利用发展方面，坚持先进产业赋能转型发展，遗产保护赋能特色创新，在保护和延续同时，提出针对风貌突出的遗存予以重点保留，主要为上大美院（型钢厂房）、炼钢厂房和金色炉台；针对风貌较好的，具有一定稀缺性的，应积极协调建设条件，至少保留一处样本；针对风貌一般的，不会对厂区整体风貌要素类型、文化脉络造成显著影响的建构筑物，可拆除或积极探索构件保留、记忆延续等保护手段的保护利用方式。通过打造高品质的先进产业集聚片区，有活力的城市公共活动空间，有底蕴的工业历史人文景观，为推进宝山北转型和大吴淞地区的统筹发展提供坚实的基础。

2024年，上海市文化和旅游局启动上海第一钢铁厂旧址文物保护点文物保护对象细化甄别研究工作，以精准识别其中需要保留保护的历史遗存，明确保留保护及后续开发利用要求，为地区后续更新和建设创造条件。在甄别工作中，针对工业遗产这一特殊类型的文物保护对象，立足全时间轴线、全产业链条、全工艺流程的"三全"原则，从历史、科学、艺术、社会文化四个价值维度开展综合价值评估研究，以构建完整的产业链条记忆、保留多样的工业遗存要素类型、塑造延续的产业发展时空线索、传承产业文脉为原则，以钢铁生产工艺为线索，深入梳理厂区历史发展演进和工业生产格局脉络。基于历史资料研究、原厂职工访谈、现状调研踏勘，深入剖析上钢一厂生产、运输、动力、环保、后勤等各大系统的空间与工艺特征，构建上钢一厂钢铁生产脉络。同时针对工业遗产这一特殊类型，依据国家、地方等各级文物管理部门公布的法律法规和规范标准，在四个价值维度基础上，叠加真实性、完整性、稀缺性、适用性作为影响因素，构建适配上钢一厂工业遗存特征的文物价值评估体系。通过构建文物本体、附属文物、文物环境要素三类保护对象体系，提出差异化保护要求和措施建议，通过分级保护和分类施策，保障产业文脉和历史信息的传承，也为下阶段地区更新转型提供可实施的工作依据。

2500 立方米高炉炉体最大限度保留原有风貌，整体嵌入会博中心展厅
资料来源：金色炉台：上海第一高炉到钢铁会博中心的华丽蝶变，《新闻晨报》

2500 立方米高炉改造前外观
资料来源：金色炉台：上海第一高炉到钢铁会博中心的华丽蝶变

2500 立方米高炉改造后外观
资料来源：金色炉台：上海第一高炉到钢铁会博中心的华丽蝶变

改造前的型钢厂厂房
资料来源：上海大学美术学院吴淞校区建筑设计概念方案

改造后的型钢厂厂房
资料来源：上海大学美术学院吴淞校区建筑设计概念方案

6.3.2 历史与未来的共生

在风貌街坊风貌评估和文物保护点文物甄别工作基础上，落实工业风貌和文物保护要求，同时为新功能提供具有吴淞特质的空间环境。

整体上，锚固 2500 立方米高炉（金色炉台）、炼钢连铸厂房和型钢厂厂房（上大美院）三处大型建构筑物，进行保护、改造和再利用。其中，2500 立方米高炉建设于 1995 年。结合原有厂房建筑，改造为金色炉台·中国宝武钢铁会博中心。原南北两侧出铁场平台的大空间改建为会议厅、展厅、媒体中心等。再上层的建筑又满足了办公和商业需求。顶层的"高炉之眼"观景平台，是人们驻足远眺的好去处。

型钢厂厂房长近 1 公里、宽约百米、高约 20 米，是上钢一厂自 1938 年建厂 50 年来工程造型最复杂、质量要求最高、工程规模最大的项目。目前正改造为上海大学上海美术学院吴淞校区。在改造过程中，厂房的历史风貌将得以完整保留，依托型钢厂空间特质改建，设置教育核心、国际教育与新海派艺术发展、配套馆群三大板块，打造以艺术教育为核心、国际艺术人才和资源高度聚集的吴淞国际艺术城核心区。

炼钢连铸厂房长约 600 米、宽约 250 米，为 2000 年后建设。结合地区产业功能转型、公共服务设施升级需求，计划采用与型钢厂类似的保留保护手法，通过更新改造保留建筑外部整体风貌，内部植入工业博物馆、体育综合中心、国家生物技术学院等功能。

对于型钢厂厂房、炼钢连铸厂房这类大型保留保护建筑，结合未来公共活动中心和创新城区的道路网密度、尺度要求，探索部分市政道路穿过大型保留厂房建筑，保留厂房主要构架，从而既保证空间风貌的延续，也保证道路系统的畅通。

在炼钢连铸厂房和型钢厂之间，结合道路、铁路、管线、构筑物、绿化场地集中的带状空间，形成西起西泗塘、东至黄浦江的"十里画卷"公园。公园在位置、尺度上延续原有格局，在功能、风貌上结合未来更新需求。在公园内部，结合对其中设备、构筑物、管线、铁路等历史遗存的保留保护，延续吴淞历史文脉。在公园的周边，保留保护建筑与新建筑共存、旧空间与新功能融合，共同形成历史与未来的对话，成为独属于吴淞的城市会客厅。

复合基底

以分层融合重构城市空间

吴淞工业区在历史的岁月里留下了强烈的重化工业"旧痕"，后续规划设计格外细致地思考未来城市空间的特性。既要做到回头看得清遗存记忆，更要向前看得见新格局，打造符合"上海之门"的城市标志性空间和"创新之城"的高品质空间。历史在空间中留下的多样性值得我们尊敬和敬畏，在更新的过程中，不禁引发规划师和设计师的思考：通过怎样的途径，才能将时间的年轮保留在土地上，同时也使它们与后工业化的空间需求和形态充分融合？在整体更新的土地上，标地（标准地、标杆地）不是一张白纸、一块平地，而是改善城市空间品质的"地上一座城"、拥有多重信息的"近地一座城"和拓展综合功能的"地下一座城"。

7.1

营造多辨识点的"地上一座城"

7.1.1 创造重点地区的标志性

在地区总体空间格局的基础上，结合重要公共活动中心、滨水凸岸、河流交汇处、视线廊道焦点等重点区域，通过对水路、高架道路、大型公共空间等的视线分析，在黄浦江与蕴藻浜交汇处、浦江两岸区域识别地区核心景观节点，提升地区整体空间风貌的标志性和可识别性，彰显上海之门的标志性形象。

黄浦江、蕴藻浜、外环高速、逸仙高架和同济路高架等重要视廊
资料来源：大吴淞地区空间战略规划研究报告

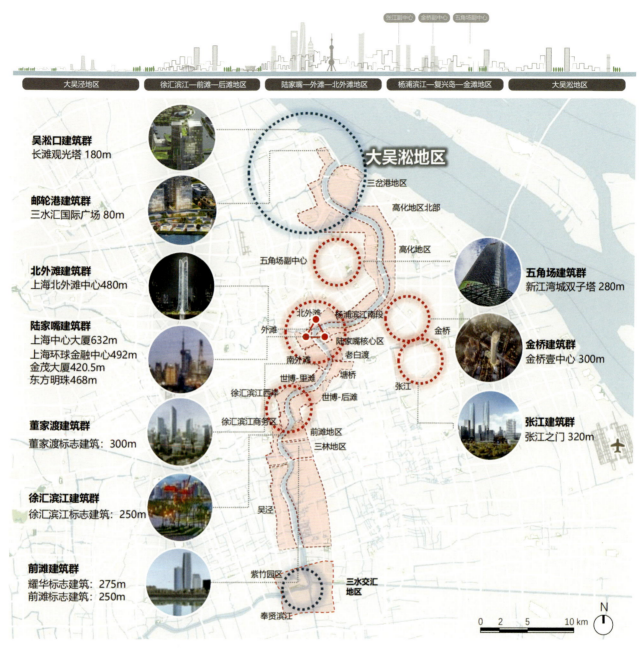

吴淞口建筑群
长滩观光塔 180m

邮轮港建筑群
三水汇国际广场 80m

北外滩建筑群
上海北外滩中心480m

陆家嘴建筑群
上海中心大厦632m
上海环球金融中心492m
金茂大厦420.5m
东方明珠468m

董家渡建筑群
董家渡标志建筑：300m

徐汇滨江建筑群
徐汇滨江标志建筑：250m

前滩建筑群
耀华标志建筑：275m
前滩标志建筑：250m

五角场建筑群
新江湾城双子塔 280m

金桥建筑群
金桥壹中心 300m

张江建筑群
张江之门 320m

黄浦江沿线重点地区及北部城市副中心地区标志性塔楼高度分析，由外滩、陆家嘴、北外滩区域向上下游延伸，形成城市天际线乐章
资料来源：大吴淞地区空间战略规划研究报告

浦西侧以标志性塔楼形象塑造凹岸形象，成为"大吴淞第一瞥"
资料来源：吴淞创新城及周边地区空间发展战略及城市设计（吴淞门户组团）

结合吴淞新中心选址，在黄浦江两岸共同营造，形成大气开敞、形象突出的总体风貌格局。以不超过 250 米的吴淞新中心塔楼群和不超过 99 米的翡翠山、江海楼共同构筑上海之门标志性意象，形成浦江两岸一高一低、一集聚一开敞、生态与都市交相辉映的门户形象。

浦西侧的地标统筹考虑整个黄浦江沿岸地区的城市天际线景观序列。参照五角场、金桥、张江等邻近城市副中心区域的标志性建筑形象，综合确定不超过 250 米的塔楼高度。在落实高质量发展和中国式现代化要求的今天，上海作为长江入海口的全球城市和长江经济带龙头城市，将延续万里长江名城临江筑（阁）楼的传统，参照历史上老宝山"三十余丈"的高度，通过翡翠山地形塑造及矗立山顶的江海楼设置，在恢复历史地标形象的同时，形成新时代的人文空间和精神高地。

山前江边的滨水区域，则充分依托三岔港楔形绿地的自然生态环境基底，以点状组团式开发和公共空间环境整体打造的手法，探索生态、文化、艺术型城市副中心的空间形态。

顺着长江、蕰藻浜、淞兴塘等蓝绿空间来到地区内部，围绕重要轨道交通站点、景观轴线形成此起彼伏的多级城市标志性节点，塔楼群高度按照 100－150 米、200 米左右两个层次控制。对于一般地区，整体建筑高度按照 60－80 米控制。

楼阁名	所在地	高度	距今	水系
黄鹤楼	湖北武汉	51.4米	1800年	长江
滕王阁	江西南昌	57.5米	1370年	赣江—抚河
岳阳楼	湖南岳阳	19.4米+30米岸堤	1808年	长江—洞庭湖
阅江楼	江苏南京	52米	650年	长江
多景楼	江苏镇江	14米+58米山体	1200多年	长江
浔阳楼	江西九江	31米	1200多年	长江
夹镜楼	四川宜宾	26.8米	300多年	长江—金沙江—岷江

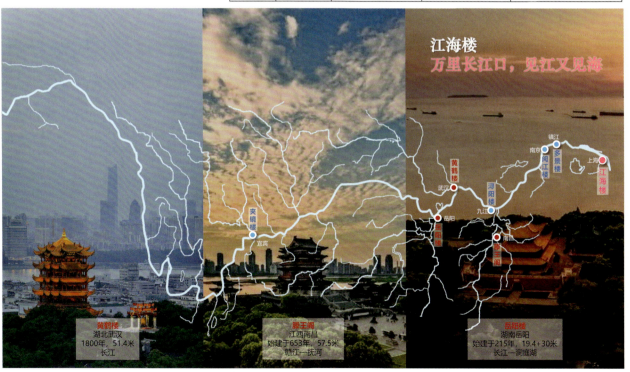

长江沿线的历史文化名城、名楼遍布，以历久弥新的文化魅力滋养着国人的心灵

资料来源：大吴淞地区空间战略规划研究报告

浦江两岸—高—低、—集聚—开敞的门户形象
资料来源：吴淞创新城及周边地区空间发展战略及城市设计（吴淞门户组团）

科创左岸和绿意右岸之间的隔江互望
资料来源：两江沿岸地区景观深化设计

世界级滨水门户
资料来源：研发服务组团城市设计

蕴藻浜水岸新生
资料来源：研发服务组团城市设计

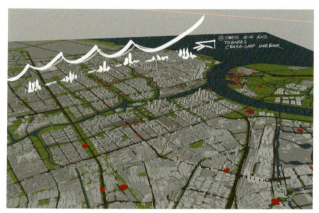

国际邮轮港—宝杨路发展廊道
资料来源：研发服务组团城市设计

腹地点群发展
资料来源：研发服务组团城市设计

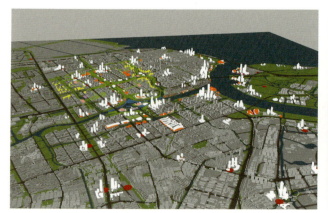

港城协奏曲
资料来源：研发服务组团城市设计

具有标识性的重点地区
资料来源：研发服务组团城市设计

7.1.2 打开公共空间界面

在公共空间和公共界面方面，大吴淞原本的特点是大厂多、大园区多、围墙多，空间大而封闭。打开封闭界面的本质是功能业态以及生产方式的转变，打开的方式包括利用河道水系、塑造高度混合的街区以及解构超大体量建筑等。

利用现状水系，打通"断头"，形成贯通，引水造丘，用蓝绿替代围墙，形成柔性的组团边缘，引入自然意趣。办公和实验场所犹如水上的"一叶扁舟"，让每一片场地都在"曲水流觞"之间，让每一个地块都具有很强的辨识性和故事性，让每一扇窗外都充满绿意。

将毛细血管状的水巷空间渗入城市肌理，这里的水系并不是传统的河道蓝线，需要在陆域空间尽量避免过于刚性的退让控制要求，使人和水能够实现更加近距离的亲密接触。通过弹性水系的设计，一方面进一步连通水系，增强水动力；另一方面，也是更重要的，让都市界面更加贴近水，使人的活动与水形成更好的互动。

引水塑丘、自然意趣
资料来源：研发服务组团城市设计

图例

公园绿地

街区绿色通道

广场绿地

慢行步道

街区内部绿地

科创人员日常生活场景

资料来源：研发服务组团城市设计

鱼骨水巷、渗透邻里
资料来源：研发服务组团城市设计

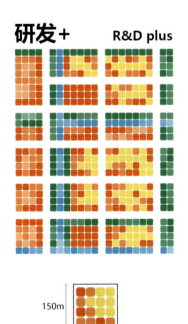

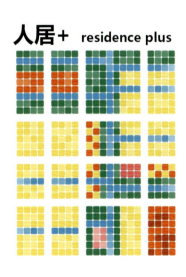

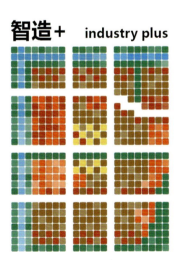

三类高度混合的城市街区
资料来源：研发服务组团城市设计

用蓝绿网络定义城市组团，而不是用道路划分地块，以此形成三类高度混合的城市单元（研发+、人居+、智造+）尝试不同的功能，通过不同的方式打开公共界面。

通过与研发人员的沟通，深刻理解科研工作者在工作和生活中的日常状态。与一般朝九晚五的工作不同，实验工作往往工作时间不固定、工作时长不固定，长时间待在封闭环境中。因此，沿街和沿河穿插公共功能，如共享食堂、共享实验室、快闪店等，将人才公寓的布局与研发组团紧密联系在一起。

巨构工业建筑是大吴淞的一大"特产"，尽管在空间辨识度上，大体量建筑非常吸引眼球，但在植入未来产业和活力功能方面，却具有很大的不适应性。从"大"变"小"，保留记忆框架，植入高混功能，建构极具吸引力的城市"魔方"，是活化利用大体量建筑的重要手法。以原上钢五厂厂址为例，位于北泗塘西侧、水产路北侧的3栋平行厂房，每栋长约850米，宽约150米，占地约13公顷。通过将城市道路伸入厂房内部，在形成步行尺度的城市界面的同时引入蓝绿自然景观，改善过度"厂房化"的环境。功能模块化整为零，引入高混合度的功能体块，让空间更"好用"，有更多的机会融入都市空间。同时，在不加高建筑高度的前提下，进行竖向划分，形成更加立体的漫游体系。

上钢五厂现状厂房航拍照片
资料来源：研发服务组团城市设计

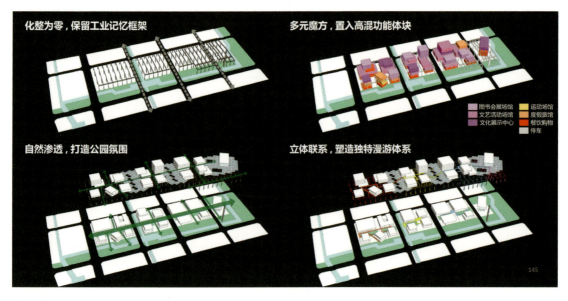

"厂区"变"街区"的四步走
资料来源：研发服务组团城市设计

7.2 塑造多层次的"近地一座城"

7.2.1 兼顾功能与景观的地形塑造

根据《关于印发〈上海工程土方综合利用空间图则指引（近期）〉〈上海工程土方综合利用空间规划指引（2024—2035）〉〈关于加强本市工程土方综合利用的规划资源管理指导意见〉的通知》（沪规划资源施〔2024〕549号），结合土地储备新机制构建"标地营造"制度，充分用好土方资源，做好储备土地出让前基本地坪和地形塑造工作，建设适应土地市场需求的"标地"。

在更新片区中，结合现状道路、水系、轨道交通等地下设施、保留保护建筑等限制性因素，统筹考虑慢行、车行纵坡要求、地区排水要求和土方工程条件，在合适空间尺度上形成一个个"龟背"单元。

按照"土方就地平衡、注重风貌塑造"的原则，结合各"龟背"单元的尺度、区位和约束性条件等，形成合适的地坪抬升高度要求，作为基础、下限的地区设计、开发条件。在此基础上，通过城市设计和景观设计，通过堆土、建筑空腔、架空平台等多种方式，采用缓坡、掉层、错层、底层架空等多种形式，形成丰富、复合的空间和功能布局。

对于集中开发的区域，以未来岛为例，受北侧蕴藻浜沿线防洪要求、东西两侧现状和规划河道水位情况、南侧道路与"十里画卷"公园衔接等因素影响，整体形成"东西低、中间高、南侧低、北侧高"的"龟背形、退台状"空间形态。

对于滨水空间，结合防汛标高要求，适当抬升临江市政道路的标高，并通过多级化、消隐化、生态化的设计手段，消解防汛墙的突兀形象，同时也为道路景观和滨江二线开发地块创造更好的滨水视野条件。滨水侧预留足够的空间宽度，利于处理道路和水面之间的高差，建设一级可淹没、二级保安全的两级防汛墙，为亲水的活动和体验提供条件。防汛墙采用消隐化的设计手法，两级防汛墙之间为可淹没的区域，以公共空间为主，少量建筑物可采用底层架空的形式，保证极端条件下的安全。

对于中部区域，地下需要统筹处理轨道交通和开发地块地下空间的关系，地上需要衔接铁山路、铁力路等跨越蕴藻浜桥梁与相交道路的交通转换，汇集多种城市立体开发要素。一方面需要结合土方消纳需求进一步抬升地坪，使原本需要挖出来的地下一层变为在原始地坪上通过覆土实现；另一方面，针对区域高品质集中开发的需要，在抬升后的地坪上，通过上盖平台的方式进一步抬升人的活动空间。上盖平台上衔接部分主要道路，但仍然以人的活动为主，组织过境性机动车交通与平台下方于原始地坪之上抬升形成的地面层。

通过充分利用土方资源，形成原始地坪以上、标地地坪以下的"地下空间"，减少挖方，节约建造成本，在这样的条件下，当前建设管理相关规范中关于地下室的认定方式，以及容积率和建筑高度的计算规则将发生很大变化，具体需要规资部门进一步研究认定。

同时，这样的空间营造手法也萌生了一种新型滨水空间。滨水两岸由于地形塑造，与河岸产生新的"一层空间"，增加钢筋混凝土挡墙后，可以布局公共服务设施，为滨水活力增加新的空间供给可能。

在滨水空间中，形成弹性与韧性的驳岸系统，提供韧性的响应机制，应对气候变化。多元复合的滨水景观空间为公共都市、活力艺术、舒适生活的水岸形式提供多样化的滨水空间体验。连续贯通的慢行体验使骑行道、跑步道与漫步道在滨水空间得以并行，提供连续完整的滨江慢行空间。

对于生态空间，则有条件结合土方资源，进一步通过微地形塑造的设计手法，形成更加丰富多样的空间体验。为一片平地的上海创造错落起伏、充满趣味的休闲空间。

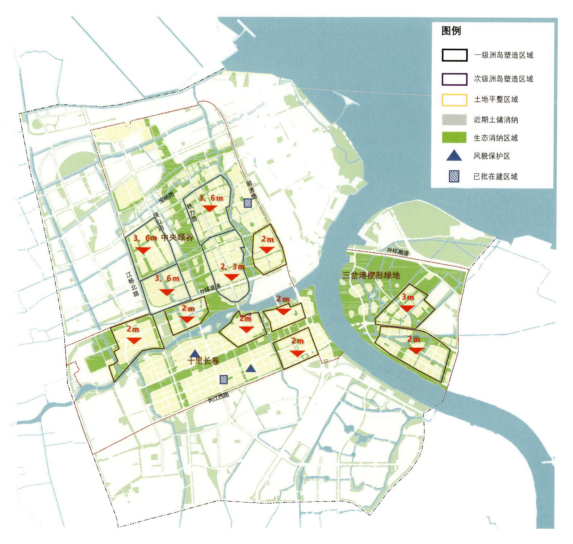

"龟背"单元识别与抬升要求
资料来源：上海市工程土方综合利用空间规划指引（2024—2035）

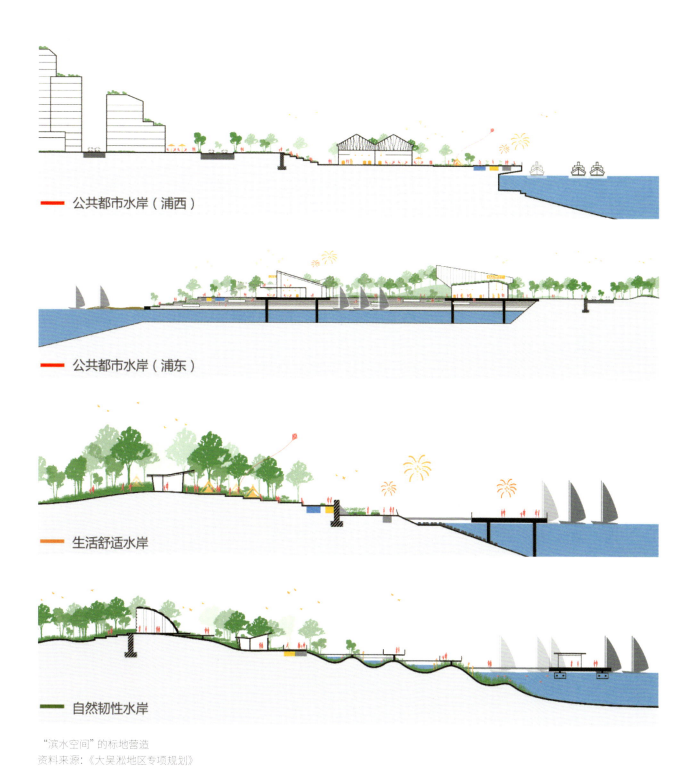

—— 公共都市水岸（浦西）

—— 公共都市水岸（浦东）

—— 生活舒适水岸

—— 自然韧性水岸

"滨水空间"的标地营造
资料来源：《大吴淞地区专项规划》

生态空间的地坪抬升和微地形塑造
资料来源：大吴淞启动区复合地坪专项研究

7.2.2 从"七通一平"到"八通一平"

　　"七通一平"是指在基本建设的前期工作中，道路通、给水通、电通、排水通、热力通、电信通、燃气通及土地平整等基础建设。它是现代化城市建设必须具备的基本条件，是造就优美环境的基础，也是城市开发建设的重要内容和城市建设赖以迅速发展的先决条件。

　　在新形势下，除了常规的"七通一平"，感知基础设施将会是未来基础建设的基础要件。感知基础设施也被称为神经网络系统，自身具备高度系统性，各组成部分互相衔接，密不可分，对外提供服务，可触达城市空间全域，以支撑实时获取建筑空间、都市空间、系统空间、自然空间中的对象数据，感知城市运行情况，并根据反馈，灵活调节资源配给，使城市达到应有的平衡状态。

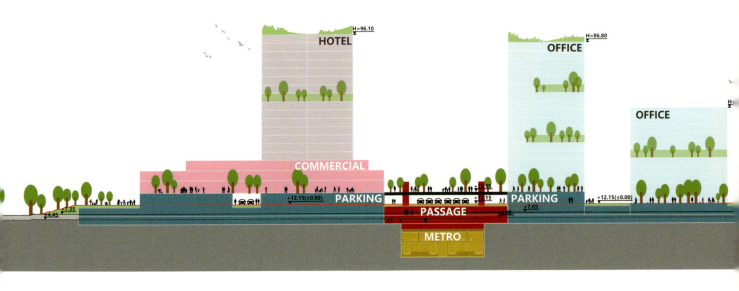

未来岛区域地坪抬升、架空平台等立体空间设计手法
资料来源：大吴淞启动区复合地坪专项研究

　　遍布空间的感知终端是城市的"感受器"。按照目前智慧城市的建设要求，在城市中每平方公里约需 100 万个感知终端。这些设备可实时采集、监测多样化的感知数据，通过智能计算分析数据信息，提高城市运行保障能力以及精细化服务管理能力，实现城市安全运行全面感知、实时监测和智能预警。公共接入设备是城市神经网络的"神经元"，支持周边各种感知终端通过无线或有线的方式接入，感受和接入城市实时运行状态，为下一步汇聚传输作好准备。传输网络是城市神经网络系统中不可或缺的"周围神经"，伴随市政道路和公共通道遍布城市公共空间，负责将每一个角落的信息或数据传递到各级处理中心或者应用需求部门,确保数据的集成综合应用。各级处理中心是城市神经网络系统的"中枢神经"，包括城市级处理中心、社区级处理中心和边缘计算节点，可分级汇聚、处理、分析、计算城市海量感知数据，为城市治理和决策提供科学支持。

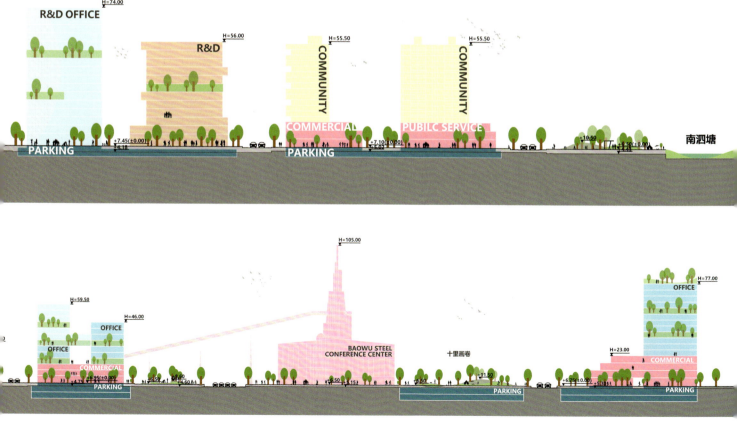

结合地上功能和空间布局及轨交站点，布置地下空间综合利用区域
资料来源：《大吴淞地区专项规划》

结合地上功能和空间布局及轨交站点，布置地下空间综合利用区域
资料来源：《大吴淞地区专项规划》

地下空间互联互通示意图
资料来源：雄大设计港

7.3

拓展更深层的"地下一座城"

7.3.1 地下空间互联功能互通

按照综合利用、统一规划、上下一体、条块联动、复合利用、适当留白的原则，强化对地下空间建设利用方式的创新和探索，突出协调避让和分层管控，实现设计、实施、使用界面的高度协作与融合。

地下空间利用结合地上城市洲岛的空间形态、功能定位，围绕轨道站点，识别系统化重点利用区域。特别是轨道交通站点 600 米覆盖范围内，建议地下建设规模达到地上建设规模的50%—60%。在这些区域鼓励规模化、一体化开发地下空间，建立地块间互联的地下步行网络，并根据交通组织要求构建地下车行环路或车库连通体系，一体化开发地下停车空间，同时满足消防疏散要求，为打造慢行为主的地面空间创造有利条件。洲岛之间通过轨道交通、立体道路实现互联，形成区域规模的地下空间网络，推动地下空间的集约化发展。结合城市设计及地形塑造特征，探索地下景观地面化，利用下沉广场、采光中庭以及光导系统，延伸地面生态景观进入地下，提升空间品质。

结合地下空间系统化重点利用区域，综合化布局地下商业、文化、社区公共服务、公共空间，并探索办公、科研、智造等产业空间延伸至地下，形成吴淞新中心、未来科创岛、创新潮头、科创核心、高铁宝山站 TOD、江杨南路超级 TOD、三岔港艺海汇等地下空间综合功能节点，同时研究试点无人公交、无人物流等组团特色服务系统。其余区域地下空间布局一般功能，以配建停车、人防、市政功能为主。

在街坊尺度上，鼓励相邻地块整体开发，通过对地块间支路地下空间的充分利用，提升空间集约度，通过系统的共享避免资源浪费。在后续建设实施过程中，建议满足下列条件的区域采取相邻地块整体开发模式：一是统一建设主体，整体开发区域内地下空间由单一开发企业或由政府（一级开发单位）统一建设；二是统一设计管理，多地块多主体背景下，需构建规划设计总控机制进行整体性协调统筹；三是开发功能与时序相近，通常将商业、办公、文化等公共属性较强、便于设施共享且开发时序接近的用地进行整体开发。

吴淞副中心区域地下空间整体开发范围示意图
资料来源：基础设施及地下空间专项研究

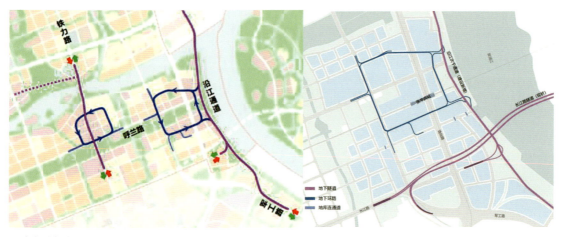

双碳金融岛地下车行系统示意图
资料来源：基础设施及地下空间专项研究

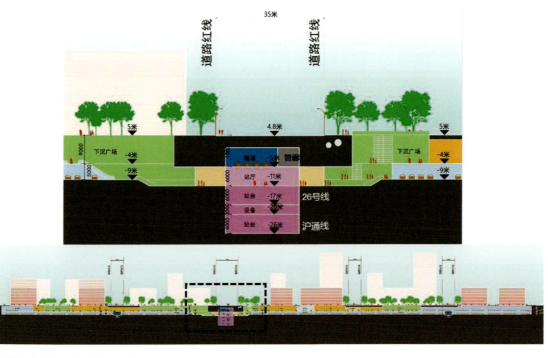

科创未来岛立体交通模式示意图
资料来源：基础设施及地下空间专项研究

在竖向上，各层地下空间拥有各自独立的功能，却又互联互通，使整个"地下一座城"不再是二维铺展，而是"碰撞"出无限可能。地下1至地下2层空间为下沉庭院、广场、商业等公共服务和活动空间，地下3至地下4层为地下环路、通道、综合管廊和市政设施、应急保障等空间。

以吴淞新中心所在的双碳金融岛区域为例，与地上的高强度开发对应的是由快速对外通道和高效循环环路组成的地下车行系统。通过南北向地下道路增加吴淞副中心向南与五角场之间的便利连接通道，分流逸仙路高架压力。通过片区内结合下穿隧道设置地下环路，提升窄路密网条件下车辆到发效率，紧密缝合高架两侧，同时提供末端无人物流快速通道。

与传统双层平台模式相比，地下空间互联互通模式的轻车化效果更加显著。人和车实现立体分离，地下道路可作为无人物流主要空间载体，配送效率能够适应未来更加快速、准确的需要。隧道、轨道、管廊等廊道设施可一体化设计、同步建设，空间集约度高。需要指出的是，轨道、隧道需同步实施，各个主体之间对竖向空间和建设时序的要求比较高。

双碳金融岛地下步行系统示意图
资料来源：基础设施及地下空间专项研究

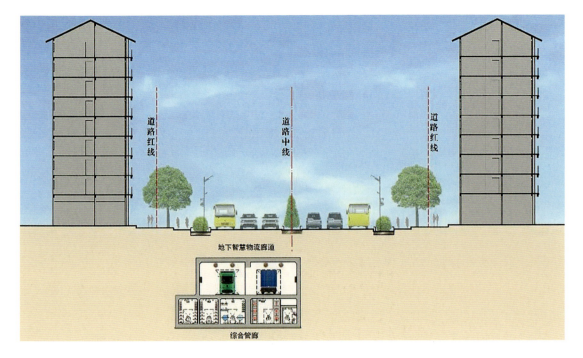

管廊与物流共构断面示意图
资料来源：基础设施及地下空间专项研究

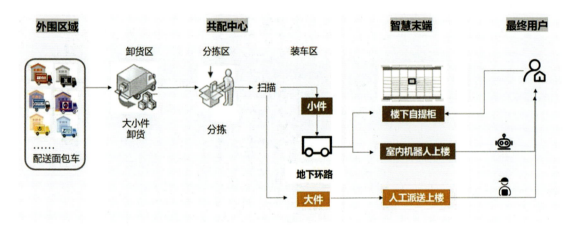

末端无人物流系统运输组织模式示意图
资料来源：基础设施及地下空间专项研究

科创未来岛末端无人物流系统设施布局示意图
资料来源：基础设施及地下空间专项研究

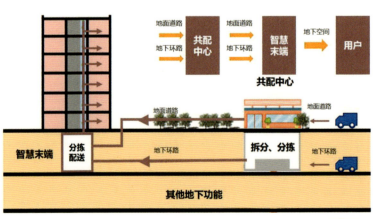

末端无人物流系统共配中心功能示意图
资料来源：基础设施及地下空间专项研究

7.3.2 地下空间新型基础设施

"五位一体"中的五位包括轨道交通、综合管廊、市政管网、地下空间和智能设施。所谓"五位一体"模式，是要进行一体化建设，做好时序控制，避免重复建设。强调立体开发的协调性及多元功能的网络连通性，即竖向分层、突出功能，又横向连通、加强联系，以确保系统有必要的抵抗力、可靠性和冗余度，构筑安全韧性、绿色低碳、智能创新、统筹兼顾的地下基础设施体系。

结合近期实施的重点工程项目及其建设时序，坚持分区域统一建设的原则，按照片区地下空间布局进行区域划分，统筹推进各类城市基础设施建设，明确实施步骤，把握时序控制，建立健全科学的施工组织体系，做好规划刚性与建设弹性的合理衔接，实现规划理念的落地与实施。

根据竖向分层管控原则，结合先期开展的智慧物流配送模式创新研究成果，共构地下智慧物流廊道与综合管廊干线，为未来探索应用多功能地下设施廊道系统创造可行性。

在核心片区试点建设末端无人物流系统，旨在通过自动化和智能化技术，提升物流效率和安全性，降低运营成本，减少人为错误，实现全天候运行，推动环境友好型片区综合发展。同时，依托政策支持和技术创新，推动无人物流系统在更广泛的应用场景中实现商业化和规模化。

基于物流园区分拨中心、共配中心、终端用户三级配送体系，以"共同配送为核心、智慧物流技术应用"为原则，进行末端配送无人化建设。结合服务区域划分设置共配中心，统一分拣和运输组织。结合货物类型及运输品质需求，定制合理的运送和配送方式。

建议利用建筑、公共空间等地下空间设置，根据服务区域划分及需求预测合理确定建设规模。共配中心应位于交通便利位置，功能包括智能化分拨、存储、收发、安检及容器标准化、信息化处理。在条件允许的情况下，共配中心尽量与其他公共服务设施合建。

以未来岛为例，片区年均约412万件快递量，科创未来岛片区内设置一个配送中心点，建议利用绿地地块，建设规模约为2000平方米。结合地下环路布局，设置20处智慧末端，将待配送货物转送至楼宇，设置智能自提柜和机器人转换区，占地面积约50100平方米。

数字城市与现实城市同步建设，自下而上统筹集约部署面向地下轨道交通、管廊管线、停车场及商业空间、道路设施的智能感知终端，实现虚实空间的深度融合。明确不同应用场景下功能需求、数据分类、共用条件、安装方式、数据标准、施工要求等，通过搭建综合管理信息平台，实现信息的共建共享，支撑新型智能城市建设。

在地下综合管廊统筹部署环境感知、状态监测、信号传输、运行控制等数字化基础设施，预留支撑管廊智能巡检设备的通道，实现管廊运行的实时监测、自动预警和智能处置，推动管廊维护少人化和管理智能化。

十字绿轴

城市风貌从灰暗到明丽

越来越多的国际研究表明，如果规划、设计和开发得当，绿色空间通过提供广泛的生态系统服务，同时依托其强大的碳捕获和储存潜力，将有助于大城市适应和缓解气候变化，以发展低碳和循环经济。此外，研究还表明，在增加城市森林和植被覆盖，使城市适应气候变化之外，当人们生活在更绿色的环境中时，社会和人类的精神、身体都将更为健康。世界卫生组织（WHO）的研究也表明，城市绿色和蓝色空间具有支持和促进健康和福祉的潜力，并呼吁城市规划和设计应从环境、社会、健康利益以及经济角度全面考虑自然的价值。

在大吴淞"蓝绿交织、清新明亮"的整体画卷中，最为浓墨重彩的三道蓝绿笔触，分别是中央绿谷、"十里画卷"和门户绿湾。它们既是大吴淞地区的重要生态空间，也是功能多元的复合景观廊道，集中承载了转型引领、复合利用、中式园林、风貌展示、水绿共融等理念和措施。

其中，"十里画卷"横贯东西，与南北向中央绿谷在浦西腹地形成第一个十字绿轴，向东延伸与弧形的门户绿湾在黄浦江上形成第二个十字绿轴。一横两纵三条绿廊形成的双十字绿轴空间架构，既锚定了大吴淞蓝绿格局的主要骨架，更重塑了地区空间基底和城市面貌，扭转其一直以来被工业熏染的暗灰基调，转而变得明媚生动，也为区域土地价值的提升、功能活力的集聚乃至未来市民的美好生活打造了良好的环境基础条件。

8.1 中央绿谷

8.1.1 纵通南北的洲岛绿廊

中央绿谷依托淞兴塘水道南北向绵延铺展，北接绕城高速，南抵蕰藻浜，规划面积 212 公顷，旨在营造洲岛绵延的江南山水绿廊。通过整合区域水系资源，构建洲岛生态网络本底，打造集科研创新、产业孵化、生态服务于一体的复合滨水发展带和创新功能集聚带。

中央绿谷整体以塑造"洲岛江南、山水核心"为景观设计理念，以促进"创新交往、公共服务"为目标。首先打造山水轴线，构建蓝绿骨架，整合城市水岸；进一步聚焦活力核心，围绕核心，明确绿轴服务功能；最终实现共振蔓延，串联慢行网络，激活全线公共空间。

洲岛绵延的中央绿谷效果示意图
资料来源：腹地蓝绿空间景观深化设计

8.1.2 一轴双核，三环多点

空间结构上，以淞兴塘中央生态绿轴为骨架，打造一条山水轴线，统筹湄浦、沙浦、浅弄河、蕴藻浜等东西流向的河流廊道，稳定生态基底，构建中央绿谷山水轴线。汇聚两大活力核心，沿创新功能聚集带以及宝杨路城市服务发展轴形成十字结构，轴带上串联宝杨路城市服务核心、中部生态科创核心成为十字轴带的双核支撑。布局三环多点的慢行系统，慢行线北至高铁宝山站，向南串联三个湖泊环状慢行道，连接东西两侧的城市居住创新组团，通过多个景观节点，激活全线公共空间。

"一轴双核、三环多点"的中央绿谷空间结构图
资料来源：腹地蓝绿空间景观深化设计

中央绿谷山水格局示意图
资料来源：腹地蓝绿空间景观深化设计

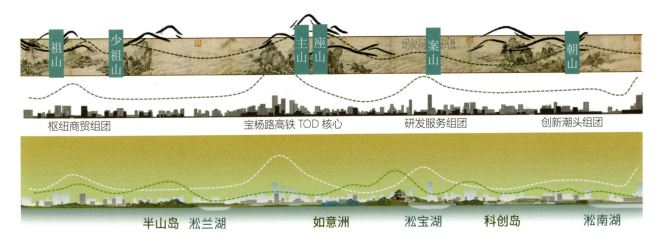

"寻天造地设之巧"的山水城市绿轴示意图
资料来源：腹地蓝绿空间景观深化设计

8.1.3 自然山水呼应城市秩序

设计理念上，中央绿谷设计始于对自然山水的整体对照，以"洲岛江南、创新交往"为出发点，重视找寻城市自身与所在自然山水之间的关联和巧妙秩序。设计将人工建设"镶嵌"在山水秩序的"巧局"之中，实现由外而内的城市山水格局构建，形成"寻天造地设之巧"的山水城市绿轴。

设计手法上，掇山理水定风貌。绿廊轴线依循传统堪舆的山水体系，将城市与山水的轴线、骨架、视廊相互耦合，结合城市功能定位，明确轴线各个空间段落的风貌。一方面，分析淞兴塘两侧城市设计界面，提取关键建筑组团的空间趋势，以城市建筑组团为"山"，构成城市山水骨架；另一方面，以淞兴塘水系为线索，结合功能组团的关键地段，形成向南逐渐宏阔的风景湖面，以宝杨路、外环高架为界，自北向南依次布局"蜿蜒汇集的源头之水""双脉环岛的环绕之水""汀岛大观的开放之水"三个蓝绿风貌段落。

8.1.4 洲渚湖岛激发多彩活力

淞兴塘自北向南与多条水、路相遇，形成丰富多变的岸线、水面，也创造出形态各异的岛、洲、渚等陆域形态，为各项生产生活功能提供充满想象的潜力空间。新沙浦河脉转折处，湖水迂回环绕形成一处"半山岛"，承载居民生活锻炼游憩需求，构建健康运动、漫步等乐居生活场景。

淞兴塘之内，宝杨路和水产路之间，双水环抱平缓洲岛"如意洲"，风景水道为科研活动提供研发办公、论坛会议、科创交往的小花园。沿浅弄河布局东西向生态岛链，汀岛绵延、水系纵横、林斑分散，构建完善的海绵湿地系统。生态岛链为动植物营造优美的生态栖居环境，低碳科普教育、自然游学体验、绿色智库课堂等共享、低碳教育类青少年儿童活动功能。

水产路南接"科创渚"，案山连城匍匐平缓，水遇城市而蜿蜒，承载科创商业建筑院落，户外空间可以为大型科创活动提供充分的室外会议花园场地，承载科创商业集会等活动功能。

淞兴塘自北向南与新沙浦、北泗塘、蕰藻浜交汇，依次形成淞兰湖、淞宝湖和淞南路三处开阔湖区，环绕湖区开阔水面，布局宜居、创新和研发等功能组团。淞兰湖湖水迂回，环绕一处半岛，城市界面平整，天际线起伏影映。周边用地以居住用地和配套服务的商办、研发混合用地为主。淞宝湖东水自然蜿蜒，西水繁华通达，湖面北侧一处制高点，景观建筑与地势结合，环绕淞宝湖，与浅弄河生态岛链融为一体。周边城市多为研发用地，以及少量居住、商业用地。淞南湖水面平阔悠长，湖中两座大岛，串联交通系统，并形成围合的自然风景湖面；岛上包括艺术中心、文化场馆两处建筑，南部城市以商业商务居住混合用地为主。建筑外部公共空间可以承载音乐喷泉、烟花大会、音乐会等城市级别的盛大公共活动。

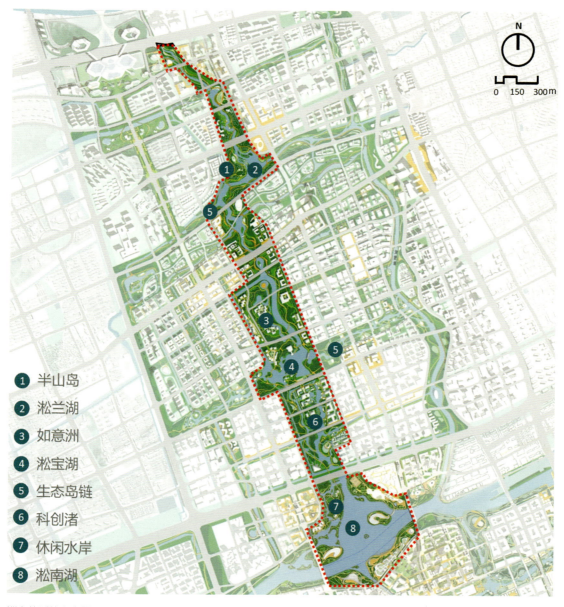

1 半山岛
2 淞兰湖
3 如意洲
4 淞宝湖
5 生态岛链
6 科创渚
7 休闲水岸
8 淞南湖

洲岛绵延的中央绿谷总平面布局
资料来源：腹地蓝绿空间景观深化设计

"半山岛"空间示意图
资料来源：腹地蓝绿空间景观深化设计

"如意洲"空间示意图
资料来源：腹地蓝绿空间景观深化设计

"科创渚"空间示意图
资料来源：腹地蓝绿空间景观深化设计

"淞南湖"效果示意
资料来源：腹地蓝绿空间景观深化设计

| 卷四：吴韵公园 | 卷三：美院水街 | 卷二：创享客厅 | 卷一：海上门户 |

"十里画卷"景观布局总平面图
资料来源：腹地蓝绿空间景观深化设计

"十里画卷"五大板块功能布局图
资料来源：腹地蓝绿空间景观深化设计

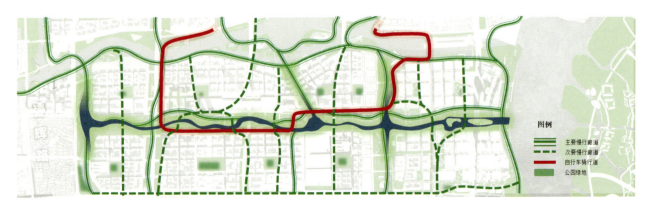

"十里画卷"藤蔓生长的慢行网络图
资料来源：腹地蓝绿空间景观深化设计

8.2 十里画卷

8.2.1 横贯东西的人文画卷

"十里画卷"位于吴淞创新城南部核心，西至西泗塘，东到黄浦江，东西长约5公里，南北宽约200米。以人文都市为导向，设计将蓝绿骨架与城市公共功能叠合，形成传统风韵与现代生活并重，江南底蕴与园林艺术彰显的"千里江山、海上门户"山水画卷。画意山水取自"江山"图景，旷奥相生促进蓝绿融城，共享园林汇聚未来生活。

8.2.2 四卷五段，蔓网激活

空间格局方面，绘就空间各具特色、风貌相互协调的四幅分画卷，从东到西分别为经典宏大、古今对话的文化空间——"海上门户"，创新灵动、刚柔并济的策源空间——"创享客厅"，传承活力、联动交互的艺术空间——"美院水街"，幽深婉约、园林雅集的生活空间"吴韵公园"。

功能布局方面，从"嵌入"地块的绿轴到"缝合"地块的串珠公园，有机植入融于风景、多元复合的城市功能，形成缝合地块的公园带，构建以风景为载体的城市活力核心。布局产城服务、文化活力、创新未来、科创生活和门户地标五大板块，贯彻"15分钟社区生活圈"理念，创建全时化、全龄化、多尺度的绿色共享公园，提升生活品质和城市品位。

慢行系统方面，通过"藤蔓生长"的慢行网络激活两岸城市空间，以慢行步道为主，结合骑行网络以及轨道交通形成复合的慢行网络，满足市民工作、生活、休闲等多元的出行需求，连通两岸商圈，缝合两岸空间，加强水岸可达性、亲水性，形成"五主八副"的南北向慢行廊道。整体来看，各个街区都形成多个生活圈以及一个工作圈的圈层式慢行空间。

"十里画卷"效果示意图
资料来源：腹地蓝绿空间景观深化设计

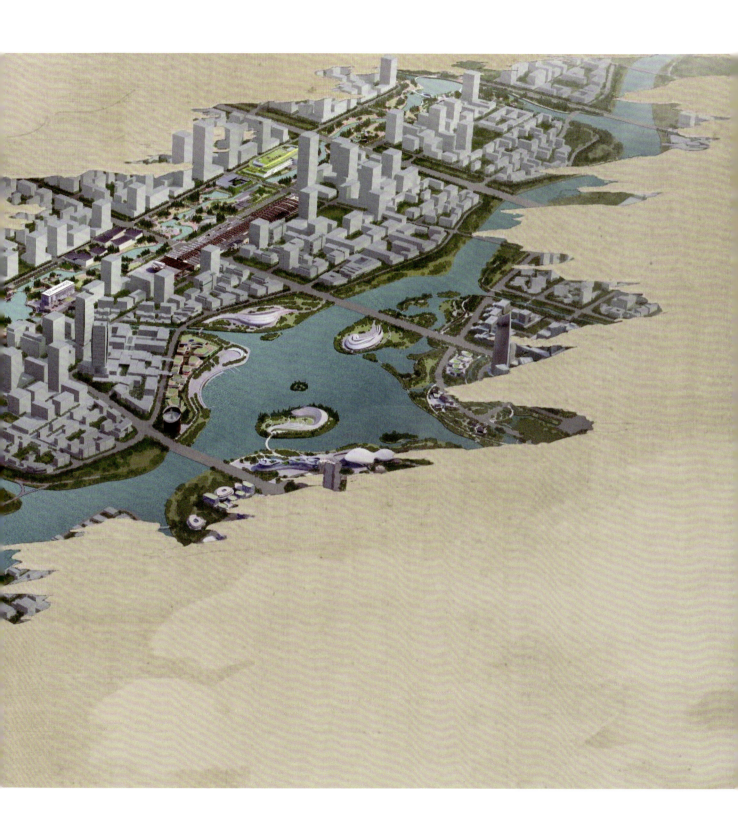

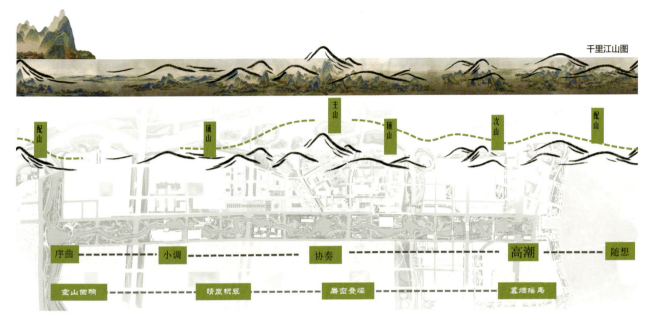

千里江山图

"十里画卷"地形营造策略示意图
资料来源：腹地蓝绿空间景观深化设计

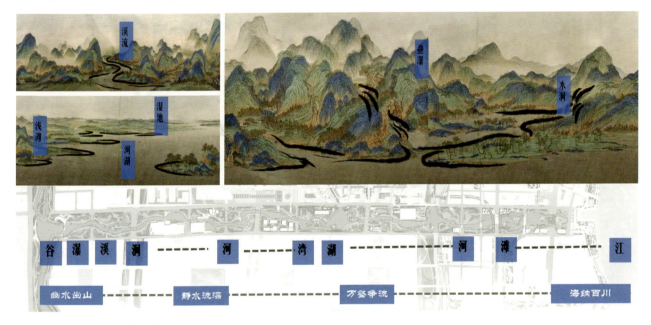

"十里画卷"水系梳理策略示意图
资料来源：腹地蓝绿空间景观深化设计

8.2.3 江山画意塑造地形水脉

地形营造上，"十里画卷"整体蓝绿空间具有"水随山转，山因水活"的特点。地形塑造上，形成取自江山的写意山势，筑山之"三远"（高远、深远、平远）自东向西诠释暮烟瑶岛、层峦叠嶂、晴岚积翠、空山回响四个篇章，整体地形连绵起伏、一气呵成，主次配分布明确，场地竖向最高达 6 米，奠定"江山"底盘。

水系梳理上，复原自然界河湖、溪流、湿地等多元形态，自东向西演绎海纳百川、万壑争流、静水流深、幽泉出山四个篇章，流畅婉转、丰富多变，水系最宽达 160 米，最窄处 15 米，既实现重要节点处的开敞湖面效果，又保障了两侧的高效沟通。

8.2.4 旷奥相生创造多元景观

空间体系方面注重多维立体、高度融合。"十里画卷"将城市风景价值与功能空间统一考虑，设计水绿交织的立体景观、文商交互的共享园林、弹性未来的地标空间，从而实现生态效益、社会效益、经济效益的三效合一。

景观特质方面打造东西呼应的门户地标。"十里画卷"绿轴与新吴淞江并行，通江达海，西溯东潮，既有吴淞江南地区印记，又有新时代上海文化精神。东部塑造开阔的水域及大气经典的地标水阁，与周边塔楼形成古今对话。东向设计地形逐渐上升、朝气蓬勃的前湾阳台，既是旭日东升的海际观望点，又是承担城市大事件的公共平台。西部为承载吴淞记忆的水门，周围塔楼辉映，一桥飞架南北，桥体如江南淞泖上的一缕水雾，框景湖心。此外桥体可叠瀑，聚焦游人观景视角。桥下设置城市驿站，形成滨水休憩空间。

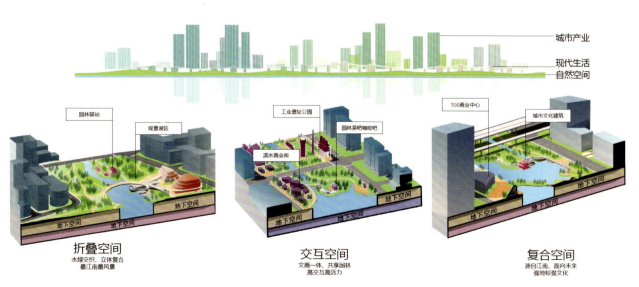

打造多维立体、高度融合的多价值公共绿带
资料来源：腹地蓝绿空间景观深化设计

东部前湾阳台效果示意
资料来源：腹地蓝绿空间景观深化设计

大吴淞未来水
上生态门户示
意图
资料来源：两
江沿岸地区景
观深化设计

港口—文旅—
都市三进礼序
空间示意图
资料来源：两
江沿岸地区景
观深化设计

两核四心、九
带十廊的空间
结构图
资料来源：两
江沿岸地区景
观深化设计

8.3 门户绿湾

8.3.1 三江两岸的生态名片

作为大吴淞水上生态门户，门户绿湾空间范围包含长江、黄浦江、蕴藻浜交汇水域的两岸地区及三岔港楔形绿地。此区域三江互通、两岸互动、江城互透、刚柔互济。通过交互型滨江门户设计，打造互联互通的交通系统、互融互望的城市空间、互补共赢的城市功能，最大限度地保留生态价值，展现三生共融的城市风貌，展现上海世界级低碳转型新名片。创建一系列门户，促进两岸之间的连接和互动，注重水岸城以及人文景观的协调，打造充满科创活力和生态永续的上海之门。

8.3.2 浦江环抱，曲颂吴淞

设计理念上，沿黄浦江由外而内打造三进礼序的拥江格局。借鉴传统中国空间设计的理念，以拥江环抱的空间格局，强调"港口—文旅—都市"三进礼序的连续性、传承和变迁，弘扬文化传承，咏颂吴淞大江大河的气魄。

空间结构上，聚焦两核四心，联络九带十廊。三江互联的黄金水道，构筑 2 个共同的生态核心：炮台湾湿地绿心和三岔港生态绿心，共同打造充满野趣的黄浦江口。4 个激发活力的生态绿心以 2～3 公里的间隔排列，最大限度地覆盖滨江片区。9 段滨江都市场景带分别为科创观光带、邮轮度假带、入江生态带、吴淞文化带、都市活力带、研发交流带、居民服务带、文艺博览带和野趣娱乐带。10 条城景视野廊道连通两岸，形成交相辉映的两岸滨水空间。宝山片区的滨江城市风貌更加理性，形成多元且充满科创活力的都市风情；浦东片区则更富感性，致力于呈现艺术低碳的生态空间。两岸相互渗透，刚柔相济，实现共生融合。

交互型门户设计策略示意图
资料来源：两江沿岸地区景观深化设计

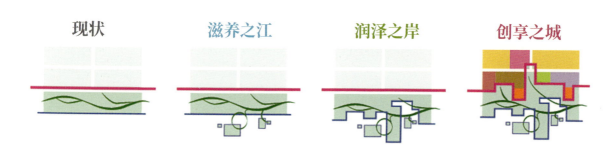

现状	滋养之江	润泽之岸	创享之城

创享之城
从"产区"
到"园区"
**From industrial
zones to park
districts**

滋养之江
从"望水"
到"亲水"
**Embrace the
river through
proximity to the
water**

润泽之岸
从"线性"
到"非线性"
**Transform the
linear waterfront
into a non-linear
one**

江岸城系统示意图
资料来源：两江沿岸地区景观深化设计

8.3.3 内涵丰富的江岸城系统

结合环境特质，将线性岸线转为非线性，拉长交互性界面，增强沿江的亲水体验，逐步打造滋养之江、润泽之岸和创享之城。滋养之江，通过打造达江驿、江心岛、江上桥和江中渡，促进江岸水域的活力。在吴淞口国际邮轮港的带动下，形成两岸多层级水上交通网络。润泽之岸，以进退有序的景观路径激活滨水岸线，并将观景轴线渗透入城。整合滨江五道三线，即两条连续的滨水跑步道，通往社区的连续漫步网，通往郊野与自然生态的探索路径等。创享之城，通过富含对景关系的地标体系和层叠渐进的滨江新城界面，定义上海北门户的滨江界面。采用三级天际线控制系统，水岸低强度开发，使建筑高度随滨水岸线向内逐渐升高，构成视野最优化的滨江界面。

丰富滨水空间，兼顾弹性与韧性。包括提供韧性的响应机制，应对气候变化的驳岸系统。布局多元复合的滨水景观空间，如公共都市、活力艺术、舒适生活等多种水岸场景，提供多样化的滨水空间体验。提供连续完整的滨江慢行空间，骑行道、跑步道与漫步道得以在滨水空间并行，营造连续贯通的慢行体验。

多样滨水空间示意图
资料来源：两江沿岸地区景观深化设计

以形态地标主导的融合型天际线

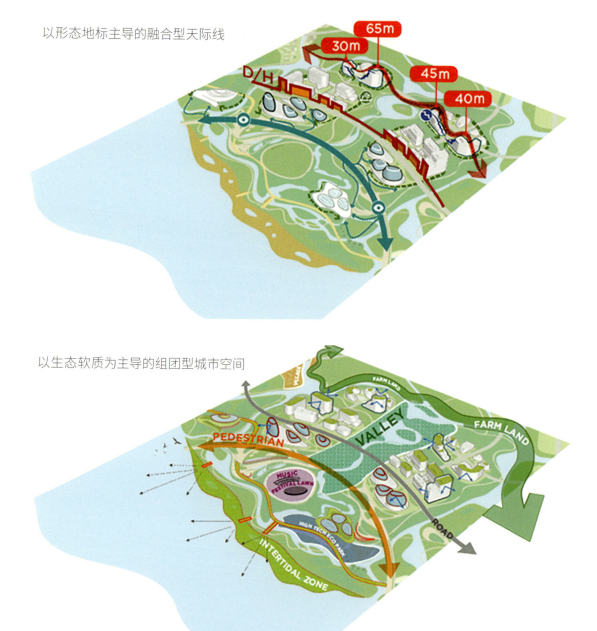

以生态软质为主导的组团型城市空间

多样滨水空间示意图
资料来源：两江沿岸地区景观深化设计

8.3.4 多样化的自然生态系统

融合多元要素，促进生物多样性和能量流动，提供独特生态体验。空间格局方面，构建"水—林—田—山"空间格局，打造湿地、林地、农田和丘陵等多元生态系统。保留成熟林地，扩展北侧湿地森林公园，利用弹性绿地作为城市建设的潜力场地。针对滩涂生态景观带，在现有滩涂资源基础上，采用综合生态策略，保护和培育连续性的滩涂生态景观带。针对硬质驳岸，进行保护与复绿，适当保留硬质驳岸以维护河口的城市功能。利用东岸河口连通水系，整合西岸破碎绿地，强化楔形绿地的生态价值。

8.3.5 特色彰显的翡翠高地

三岔港楔形绿地，是上海10块楔形绿地中最后一块"大衣料子"，更是吴淞门户的"绿色前厅"。空间形态方面，生态先行进行景观空间格局的规划，继而布局城市空间，实现城市与自然的融合共生。垂直方向控制柔和的天际线与形态地标，采用融合型天际线控制，注重形态地标与周围环境的有机融合，确保城市整体连贯性，错落布置开发组团，提供办公空间的良好视野。水平方向布局生态软质的组团式城市空间，以生态化和自然化为特色，通过用地与绿地的交互、建筑嵌入景观实现一体设计。生态软化手段包括空中露台、屋顶花园、地面花园，组团间以大面积绿地、湿地、水体等自然元素形成空间特色。

特色塑造方面，打造一湖一山一楼。结合区域水系梳理改造，汇聚水系、集中水面形成适当规模的"清州湖"；兼顾土方消纳、历史地标"老宝山"复原和竖向设计，塑造生态地景"翡翠山"；进一步设置标志性文化建构筑物"江海楼"，树立区域制高点和视觉中心。

功能内涵方面，首先联动浦江两岸，统筹考虑浦江两岸的公共空间类型与功能布局，打造可联动的特色码头、滨水绿地等空间，形成大吴淞地区一体化的公共空间设计，以带动三岔港地区的进一步发展。进一步策划彰显本地文化的多元活动，结合百年开埠、江南水乡与绞圈式民居等文脉基底，打造多样性的活动与体验，创造三岔港独具特色的目的地。

三岔港楔形绿地景观效果示意
资料来源：两江沿岸地区景观深化设计

创新之城

为创造提供梦想空间

中央绿谷、"十里画卷"和门户绿湾三道蓝绿亮色如自然动脉贯穿全域，串联起吴淞门户、未来之岛、高铁站城三大城市发展组团，构建起"生态滋养创新、创新反哺生态"的闭环系统。这三大空间组团是大吴淞未来创新转型发展的核心空间和动力引擎，创新的空间模式、城市形态、知识灵感、产业功能、生活方式在这里高度汇集。当城市的每一寸空间都成为自然与创新的对话场，发展便拥有了永续的生命力。

其中，吴淞门户组团位于黄浦江两岸地区，主要依托滨江资源打造以创新和生态为导向的新一代世界级滨水空间；未来之岛组团位于蕴藻浜与原上钢一厂片区，重点彰显与水为邻、历史与未来对话的空间特质；高铁站城组团位于高铁宝山站地区，以"交通枢纽 + 创新枢纽"为导向，形成地上、地面、地下融合一体的三维创新网络。

先蓝绿，再建城，大吴淞地区更新转型不仅是空间形态的重塑，更是城市发展逻辑的根本转向：从"向自然索取"到"与自然共生"，从"建筑堆砌"到"激发创新"。当蓝网绿脉最终编织成网、城市空间复合多样、建筑功能多元混合时，大吴淞将不仅是地理意义上的创新之城，更将成为全球城市转型浪潮中人与自然、历史与未来和谐共舞的时代注脚。

9.1 吴淞门户

9.1.1 三江交汇的门户空间

　　三江交汇的独特区位是吴淞门户组团的最大空间特征，以此为契机，围绕黄浦江塑造两岸一体、拥江塑形、高低错落、刚柔并济的上海北部水上门户形象。同时，在产业功能方面，按照上海沿黄浦江集聚全球城市核心功能的空间发展逻辑，吴淞门户组团也应是上海面向未来的科创动力、人文活力和生态魅力集中汇聚与展现之地。因此，吴淞门户组团始终贯彻五个方面的设计理念：一是科技创新引领，塑造上海新一代创新门户；二是强化产城融合，建设绿色低碳转型示范区；三是植入文化功能，打造国际一流的艺术活力水岸；四是谋划整体结构，形成两岸联动的上海之门；五是创新风貌保护，重塑延续历史的城市公共空间。具体来说，以打造上海独一无二的滨江城市副中心为目标，包纳河流、自然和城市，塑造促进创新和健康生活方式的开放空间，保护和利用场地的独特工业遗产，打造生态旅游和休闲目的地，进一步提升混合使用和可实施性。

吴淞门户组团整体城市设计鸟瞰
资料来源：吴淞门户组团城市设计

9.1.2 一岛、一湾、一轴

  吴淞门户组团横跨黄浦江两岸，由西岸的双碳金融岛和黄浦江东岸的高桥生态湾共同构成。双碳金融岛是浦江西岸的城市建设集聚区，以科创与金融为主导，是吴淞副中心城市化的一面。高桥生态湾以三岔港楔形绿地为基底，以艺术博览、生态水乡为特色，是吴淞副中心生态化的另一面。中央文化绿轴横贯东西，联系浦江两岸，构成城绿相望的门户空间，串联位于浦西的双碳金融岛与位于浦东的艺海汇、清洲湿地和翡翠山。绿轴周边、浦江两岸的临江城市界面形成拥江之势，进一步强化吴淞新中心与黄浦江的空间融合。

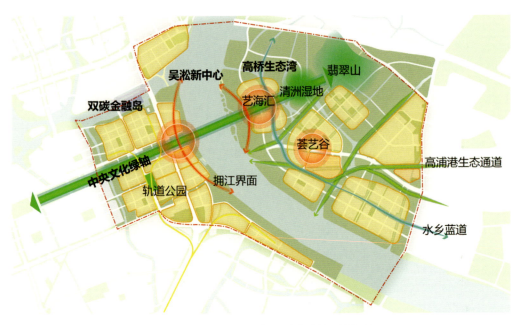

吴淞门户组团空间结构示意图，沿中央文化绿轴、跨黄浦江两岸构建核心城市空间
资料来源：吴淞门户组团城市设计

吴淞门户组团城市设计总平面图，浦西相对集中的城市建设与浦东融于生态空间的点状开发相得益彰
资料来源：吴淞门户组团城市设计

9.1.3 道路交通与开放空间系统

交通方面，吴淞门户组团拥有外环高速、逸仙高架路、长江路、军工路等快速路和长江路—港城路、双江路等主干道构成的区域干道框架。在此基础上，两岸因地制宜，结合蓝绿基底特色和建设用地布局特点，构建通达、细密的支路网络，进一步增强片区内外可达性和连通性。

开放空间方面，延续并强化大吴淞整体开放空间结构。沿黄浦江营造多层次、多功能的滨水活力带。以中央文化绿轴、新吴淞江绿廊为骨架构建丰富的垂江生态廊道，连接三岔港生态绿核和一系列次级绿核，形成完整连通的开放空间网络。进一步将生态空间、开放空间细化为类型丰富、尺度多元的公园体系，并结合邻近城市开发导向注入功能和主题，构建活力场所，提升土地价值。

吴淞门户组团城市设计交路开放空间布局图
资料来源：吴淞门户组团城市设计

吴淞门户组团城市设计道路交通布局图
资料来源：吴淞门户组团城市设计

吴淞门户组团城市设计交路公园体系布局图
资料来源：吴淞门户组团城市设计

吴淞门户组团双碳金融岛沿黄浦江和中央文化绿轴形成 T 字形总部商务湾，围绕其形成研发、居住和服务功能融合的活力创新环
资料来源：吴淞门户组团城市设计

吴淞门户组团双碳金融岛中央文化绿轴内蓝绿空间与城市功能和活动交织
资料来源：吴淞门户组团城市设计

9.1.4 产业与生活共荣的活力岛

吴淞门户组团的浦江西岸区域，以产城共荣为目标，从活力、人文和地标三个维度打造一座双碳金融岛。首先从产业功能出发，聚焦科创与金融功能，通过总部湾、创新环等核心板块的建设来推动地区产业转型。营造多样的产业空间，促进多层次的功能混合，构建完善的产业生态链，建设一座复合多元、职住交融的活力半岛。

再从空间特色出发，营造山水园林人文岛。以写意山水为底色的园林带，构成浦西侧的中央文化绿轴；促进文化建筑、商业集市与园林相结合，塑造具有活力的公共空间。合理利用工业时代遗留下来的轨道，构成特色慢行道，交会成轨道公园。

高度方面进行格局重构，打造吴淞新峰地标岛。沿逸仙高架路打造超高层地标建筑群，超高层塔楼 12 栋，主要高度在 130—248 米之间。伴随大吴淞地区的城市更新，新的产业也将重塑吴淞的城市形象。作为上海的滨江门户，设立于中央文化绿轴两侧的地标双塔构成了天际线上的标志。周边的门户艺术中心、邻江地标酒店、尺度宜人的滨江总部区以及渐次升高的塔楼群，共同构成富有层次的城市形态。在进出本片区的重要节点，提升局部建筑高度，增强各片区的识别性和场所感。沿着滨江绿地和中央文化绿轴，则设置连续的城市公共界面。

吴淞门户组团双碳金融岛建筑高度分布,沿中央文化绿轴和逸仙高架路两侧布局核心地标建筑,向四周建筑高度渐次递减,黄浦江沿线延续上海经典海派建筑尺度和风貌
资料来源:吴淞门户组团城市设计

9.1.5 自然与文艺交融的生态湾

吴淞门户组团的浦江东岸区域，以优质的生态基底为特色，打造一座促进文化艺术交流和健康宜居生活的生态湾。主要包括两个片区，一是以文化艺术和旅游博览为主导功能的艺海汇片区；二是以生态宜居和地区服务为主的荟艺谷片区。

其中，艺海汇片区布局国际艺术博览交易中心——艺博酒店、梦想剧场以及文创总部等功能，同时也定义了大吴淞中央文化绿轴东段的城市形态——它宛若漂浮在水上的荷叶，以有机自然的设计语言，在凸显文化建筑群的识别性的同时，融入生态环境之中。围绕城市组团的广阔生态空间既提供了丰富的呼吸和活动场地，也为区域整体地形塑造提供了空间，从而提供空间立体、

吴淞门户组团艺海汇片区建筑形态和功能布局示意图
资料来源：吴淞门户组团城市设计

吴淞门户组团荟艺谷片区建筑形态和功能布局示意图
资料来源：吴淞门户组团城市设计

城绿交融的公共空间体系。片区的建筑形态和功能分布，采用组团式布局，以办公、文化等公共功能为主，面向黄浦江拥江展开城市界面。

荟艺谷片区结合地区纵横交错的水系基地条件，与水为邻，营造宜人的组团尺度，围绕轨交站点和公共空间布局公共服务和适量的低碳办公功能，创造生态健康的滨水人居示范社区。建筑形态和功能分布相协调，滨江一线严格控制建筑高度和尺度。特色景观塑造方面，规划挖掘场地本身的"山、林、水、田"的自然特性，打造多元景观。沿江岸空间将景观自然与建筑有机融合，腹地自然片区提供丰富的活动场地，结合土方资源综合平衡利用打造翡翠山地形景观，不仅构成区域新的景观地标，更是片区生态缝合的重要廊道。开放空间方面，利用丰富的蓝绿生态资源，构建多样的开放空间网络。以清州湿地、翡翠山生态节点延续并收束中央文化绿轴。沿江构建一系列滨江主题公园，并通过蓝绿廊道和社区绿心与低密度开发融为一体。开发组团于中央文化绿轴两侧对称布置，弧形的拥江界面与对岸遥相呼应。

吴淞门户组团浦江东岸生态湾片区景观空间架构图
资料来源：吴淞门户组团城市设计

吴淞门户组团浦江东岸生态湾片区景观空间架构图
资料来源：吴淞门户组团城市设计

未来之岛组团超休城市设计鸟瞰-
资料来源：文化数字组团深化设计

未来之岛组团空间结构示意图，沿中央文化绿轴和蕴藻浜组织城市空间
资料来源：文化数字组团深化设计

❶ 江杨市场	❼ 公园商业MALL	⓭ 淞南数字水街
❷ 海鲜综合	❽ 教育博物馆	⓮ 科创未来岛
❸ 新建大学	❾ 玻璃美术馆	⓯ 庆典水岸
❹ 绿轴水岸园林	❿ 宝武CBR街区	⓰ 吴淞演艺中心
❺ 新建高中	⓫ 工业/交通博物馆	⓱ 文化艺术馆
❻ 江杨南路TOD	⓬ 潮艺舞台	⓲ 自然科普馆

未来之岛组团城市设计总平面图，蓝绿共融、历史与未来对话
资料来源：文化数字组团深化设计

9.2 未来之岛

9.2.1 人文和创新的互动空间

未来之岛组团位于蕴藻浜与长江西路之间，曾是上钢一厂的厂区所在，是大吴淞地区钢铁工业文脉与风貌的核心承载空间。结合工业风貌的保护和利用创新，以上大美院吴淞校区的建设为起点，打造历史与未来对话、文艺与科技共生的示范地区。以科创服务功能为主导，坚持文化驱动、多元复合与绿色共享三大理念，建设面向未来的可持续生境城区、功能复合空间活力的创新街区以及传承发展的新江南文化复兴区。

9.2.2 一轴一核，双芯七片

把握科创功能和活动回归都市的趋势，与地区原有的文化、生态、景观资源相融合，以"一轴一核，双芯七片"打造文化活力、创新创意集聚的国际化街区。

以中央文化绿轴为一轴，跨浦江两岸，连接吴淞门户与腹地区域，塑造一条具有江南底蕴、园林艺术、钢铁记忆的绿色活力画卷。以科创未来岛为一核，依托轨交站点打造地区创新引擎，引领区域科创产城全面发展。

在此基础上，依托新吴淞活力客厅与美院公园形成两大文化交流节点，作为地区艺文魅力和创新活力的展演空间。七大创新片区穿插其间，倡导慢行为主、多元开放的小尺度街区特色，展现未来科创之城新面貌。

零阻力、可吐纳、可打卡的人气客厅
资料来源：文化数字组团深化设计

群岛相链的退阶拥江格局
资料来源：文化数字组团深化设计

汇聚地标建筑集群的水上客厅
资料来源：文化数字组团深化设计

9.2.3 与水为邻的活力客厅

新吴淞活力客厅以蓝绿为脉，环绕淞南湖区形成一湖三湾、群岛相链、南北联动的空间结构，以高品质水岸带动创新城区活力。通过蕴藻浜航道布局的优化，进一步加强水面、水岸和洲岛的功能和慢行联系。岛、湾、港、巷共同形成蕴藻浜河畔文化活力核心，并与南岸立体复合的科创未来岛城市未来活力核心与创新引擎形成紧密的连接。

首先在淞兴塘和蕴藻浜江口交汇区域，勾勒出一湖三湾、群岛相链的蓝绿格局，水岸建筑高度由蕴藻浜向腹地逐级抬升，最大限度共享蓝绿资源，同时形成拥江的空间格局。

布局水陆双港枢纽，通过游船码头连通黄浦江水上游线及蕴藻浜沿线，结合码头引入多层港池门户，打造集酒店、商业、旅游等功能于一体的特色活力街区。设置体育、文化与艺术馆，整体塑造地标建筑集群，反映吴淞江江南水乡的文化底蕴与江海交汇的空间特质，构建魅力水上客厅。

全覆盖零阻力慢行系统，构建全民健行通廊，链接周末社交、都市日常、年轻乐活、文艺体验，打造全时、全季、全龄的活力人文水岸。此外，设计多元化岸线类型，蕴藻浜沿线河岸满足市级防洪排涝相关要求，营建适应性水岸空间，软硬岸结合、防护与使用一体，保障常时水岸活力的同时，强化应对极端气候的防护能力。

强化蓝绿空间十字交汇空间特质，塑造上海为数不多的洲岛空间，分离亲水与航运功能，打造真正与水为邻的滨水空间
资料来源：文化数字组团深化设计

创新雨林：
环境、服务、产业三大生态融合，打造吴淞创新发展新引擎

轻简街区：
可持续发展理念引领，打造慢行为主的新地面层，多元开放的立体小尺度街区

无界岛城：
应对极端气候，整体地面抬高，打造超级盖板，水岸活力与城市无界融合

科创 | 购物中心
科创孵化 | 酒店
办公 | 居住
金融办公 | 公寓
共享办公 | 公共服务
共享会议 | 社区共享
商业 | 屋顶绿化

科创未来岛"龟背"形高度格局体现岛城特色
资料来源：文化数字组团深化设计

退台式建筑塑造特色界面

利用层叠的屋顶空间联系水岸与岛城

H < 30m
30m ≤ H < 50m
50m ≤ H < 80m
80m ≤ H < 130m
130m ≤ H < 240m

科创未来岛"龟背"形高度格局体现岛城特色
资料来源：文化数字组团深化设计

9.2.4 立体复合的科创未来岛

以立体化、复合化、智慧化应对极端气候挑战，满足高质量科创空间、高品质生活空间需求，面向未来打造融合生态安全、智慧基建、创新交流、水岸展示多重功能的超级平台，集成最先进城市智能技术的创新基础设施，培育创新集群，孕育富含科创基因的复合生境街区。

以"立体分层，无界共享"理念，探索地面整体抬高，打造一体化的空中智慧基建平台。平台之上，打造轻简化街区，倡导慢行为主、多元开放的小尺度特色街区，结合无人驾驶形成共享环廊，串接科创功能区、水湾活力区与人才创新社区，南北向打通金色炉台向水岸的联系。平台之下，把空间留给车行、轨道交通和基础设施，机动车和公共交通可直接与地块无界衔接。

高度形态方面，遵循天际线内高外低的规律，塑造"2+4+8"的塔楼布局体系，中央为180—200米高的双塔，整体形成"龟背"形的组团空间序列。退台式建筑塑造岛岸界面，进一步利用层叠的屋顶空间联系水岸与岛屿，促进自然与城市交融，建设孵育创新灵感的科创雨林。

9.2.5 时空对话的中央文化绿轴

中央文化绿轴内部整合江南水乡园林空间、钢铁风貌保护设施设备，植入城市功能和公共活动空间，形成水绿交融、特色鲜明的城市活力生态景观走廊。两侧结合工业遗产保护，结合金色炉台（2500立方米高炉）、上大美院（型钢厂）、炼钢厂与连铸厂房等建筑的保护利用，植入新的功能，同时通过新的建设，形成完整连续的城市界面，共同构成集中体现大吴淞空间和风貌特色的会客厅。

设计通过四大策略打造一条复合绿轴。策略一是分段搭建都市创新与多元活力的超级中央绿轴，营造多样化公共空间场景，缔造场所故事，建立城市文化品牌，塑造引领城市发展的文化能量轴。策略二是结合中央绿地布置城市展示、康体休闲、艺术表演、科普教育等多元的活动，展现上海市民活力的未来生活，打造汇聚市民活力的城市公园轴。策略三是依托蓝绿基底，创造多元的休闲活动场所，并塑造高渗透的慢行连接，强化板块联动融合周边腹地开放空间，激发丰富的社交空间，形成多模式高渗透的慢行休闲轴。策略四是全面提升高价值工业遗存的活力与价值，高层塔楼沿绿轴两侧布置，呈现由中间向边缘逐级降低的"龟背"形格局，塑造具有魅力的城市空间中心形象，成为联动腹地功能的魅力形象轴。

引领城市发展的文化能量轴
资料来源：文化数字组团深化设计

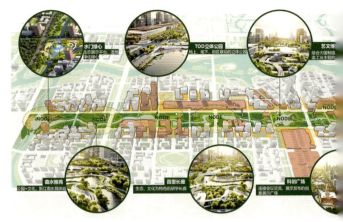

汇聚市民活力的城市公园轴
资料来源：文化数字组团深化设计

江杨南路TOD

博物馆

绿轴水岸园林

园街水岸
幽深婉约，宜居生活

美院公园
文化交流，都市活力

多模式高渗透的慢行休闲轴
资料来源：文化数字组团深化设计

联动腹地功能的魅力形象轴
资料来源：文化数字组团深化设计

潮艺舞台

工业遗存，数字创新

围绕高铁宝山站建设，结合整体蓝绿空间的塑造，为地区的城市更新提供新的契机
资料来源：枢纽商贸组团城市设计

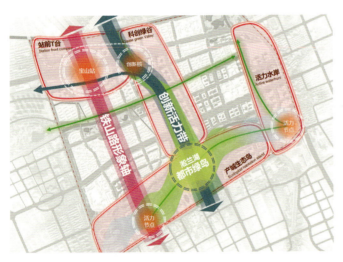

高铁站城组团空间结构示意图，结合重大设施
和结构性廊道，挖掘城市更新和功能提升空间
资料来源：枢纽商贸组团城市设计

铁站城组团城市设计总平面图，通过城市更新
策略塑造城市门户形象，打造特色城市空间，
放大区域性交通枢纽的带动作用
资料来源：枢纽商贸组团城市设计

9.3 高铁站城

9.3.1 北上海的陆路交通枢纽门户

高铁站城组团以高铁宝山站为发展引擎，带动和激活整个片区的城市更新。其特殊之处在于，高铁宝山站周边的建设空间已被现状小区占据。该组团城市设计的重点在于以高铁宝山站为发展核心和动力引擎，在服务好铁路集疏运需求的基础上，激活当前以生活居住功能为主的片区的城市更新和功能提升，凸显和强化高铁站的辐射作用。衔接多层次交通系统，围绕"立体公园城市"的理念，通过车站综合开发、立体街区建设、花园办公、生态住区等空间供给，力求打造站城一体、产城融合、水绿交融的综合性城市片区。

9.3.2 一轴一带，一园四区

结合现状土地使用和权属状况，融入大吴淞地区整体蓝绿空间格局，衔接轨交 19 号线等重大工程，识别"一轴一带，一园四区"的城市更新重点空间，交织缝合新旧城市空间，重塑发展活力。

"一轴"是由轨道交通 19 号线支撑的城市功能集聚轴，结合高铁站站前广场向铁山路延伸形成景观形象廊道，同时也结合轨交站点，打造城市功能和空间聚集，并提升重点 TOD 廊道。"一带"是依托中央绿谷贯穿南北的创新活力带，以公共开放空间为核心，围绕两侧集聚科创研发、公共服务功能。

"一园"是中央绿谷和沙浦河交汇处形成的淞兰湖都市绿岛，以淞兰湖为中心构建生态岛链，形成绿意萦绕的城市空间，打造大吴淞中央绿谷上的北部节点。

在此基础上布局四大片区，包括围绕宝山站的站前 T 台枢纽商贸综合区、沿中央绿谷的科创绿谷创新研发办公区、沿同济路和北泗塘的活力水岸孵化智造服务区和沿宝杨路和沙浦河的产城群岛城市生活服务区。

东西向进一步挖掘通道空间，强化与吴淞口国际邮轮港的联动。依托友谊路、宝杨路、同济路、沙浦河等通道空间，识别沿线更新转型空间，形成同时承接上海北部两大对外交通门户辐射的节点区域。

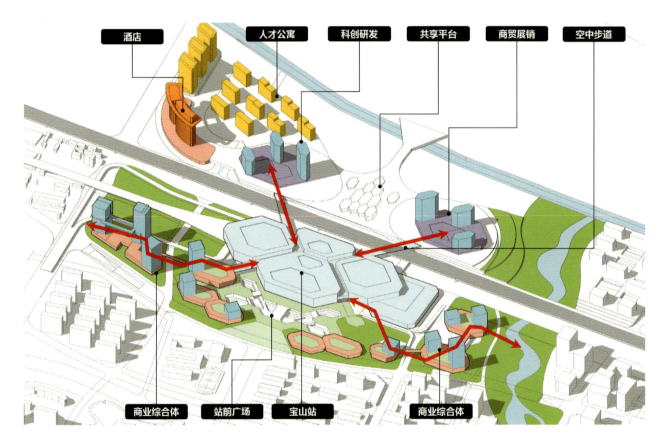

酒店　人才公寓　科创研发　共享平台　商贸展销　空中步道

商业综合体　站前广场　宝山站　商业综合体

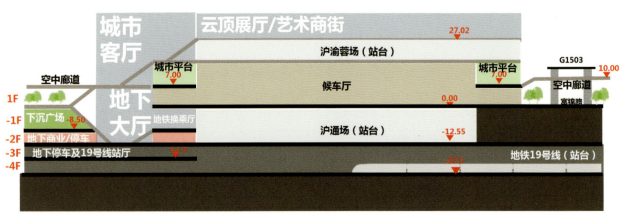

结合高铁宝山站本身多层次的交通空间组织，联动周边空间，整体构建立体互通的空间系统
资料来源：枢纽商贸组团城市设计

9.3.3 立体高效的站前 T 台

以高铁宝山站为核心，构建 T 字形复合 TOD 综合体。一方面作为多层立体的高效交通枢纽，衔接高铁、轨交、车行、慢行等多种交通方式，打造"立体客厅"。同时又向北跨绕城高速，结合轨交车辆基地整体考虑，将高铁站的辐射能力进一步向北延伸，打造活力与开放的综合体。

进一步以两大重要枢纽 TOD 为端点，以铁山路为轴带，向南拓展成为城景相融的城市景观大道，通过城市更新完善服务功能，以公园绿地链接城市活力场景，塑造高品质的城市门户形象。

沿铁山路开展空间挖潜工作，通过公共空间提质和节点、界面塑造，提升门户形象和功能能级
资料来源: 枢纽商贸组团城市设计

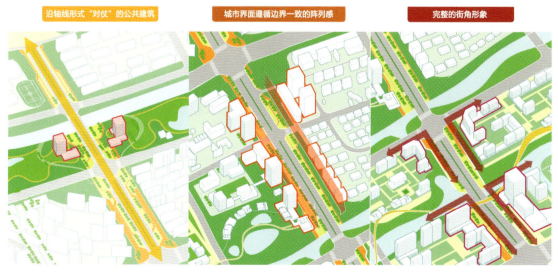

以"对仗"的建筑塑造宝山站南门户，增强铁山路沿线礼仪道路的视觉感受

统一新建筑及已建建筑的退界边界，以工整的沿街立面凸显仪式感

强化道路交叉点的街角形象，合理利用建筑入口、口袋广场优化人行体验

沿铁山路进行门户形象的整体塑造
资料来源: 枢纽商贸组团城市设计

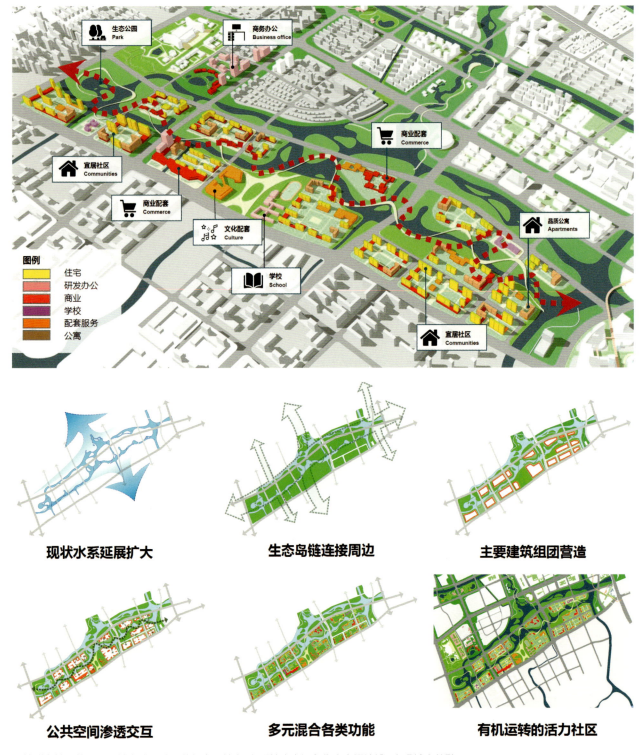

图例
住宅
研发办公
商业
学校
配套服务
公寓

生态公园 Park
商务办公 Business office
商业配套 Commerce
宜居社区 Communities
商业配套 Commerce
文化配套 Culture
学校 School
品质公寓 Apartments
宜居社区 Communities

现状水系延展扩大

生态岛链连接周边

主要建筑组团营造

公共空间渗透交互

多元混合各类功能

有机运转的活力社区

产城群岛地区将小组团城市建设融入蓝绿空间基底，加强滨水空间和生态空间建设，实现城水共融
资料来源：枢纽商贸组团城市设计

9.3.4 有机生长的产城群岛

产城群岛板块位于高铁站城南部，依托沙浦河沿线地区良好的生态本底，借助现有水系重建蓝绿框架，依水生绿，城水共融，采用组团加混合街区的空间模式，将产业、生活、服务、生态空间进行有机融合，营造更亲人、柔软和有温度的城市氛围。滨水空间有效匹配两岸用地功能和人群诉求，通过立体的公共空间、退台式建筑，形成都市生活、全民健身、休闲商业和生态公园等多种类型岸线，发挥蓝绿空间的服务作用，以承载丰富的滨水活动场景。

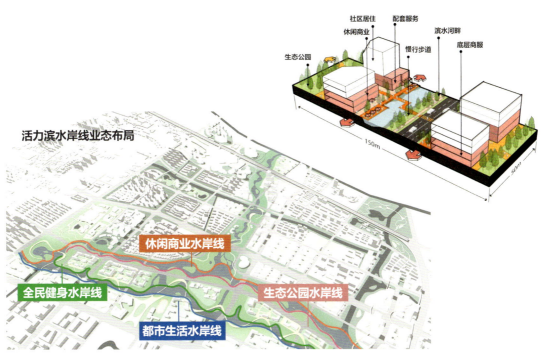

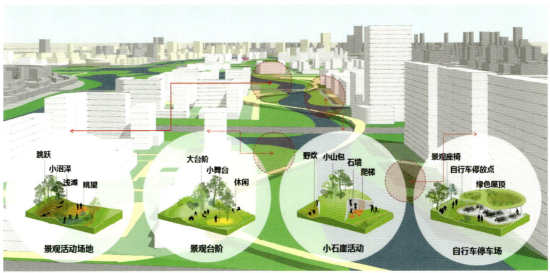

滨水空间建立立体的慢行交通系统和公共空间体系，重塑场地，打造多层次休闲活动场景

资料来源：枢纽商贸组团城市设计

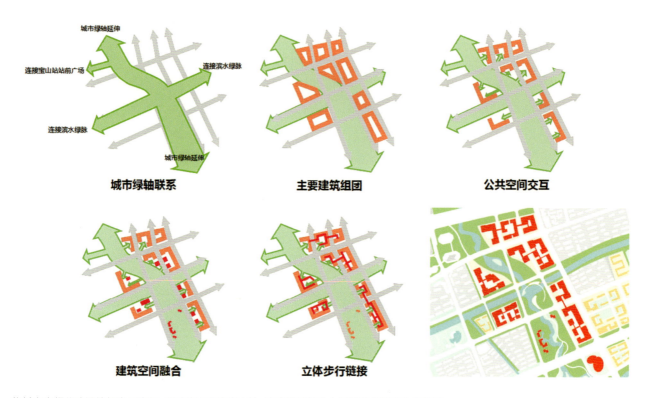

依托中央绿谷建设挖掘发展空间,形成向北面向宝山站、向南联动整个大吴淞的创新产业集聚区
资料来源:《大吴淞地区专项规划》

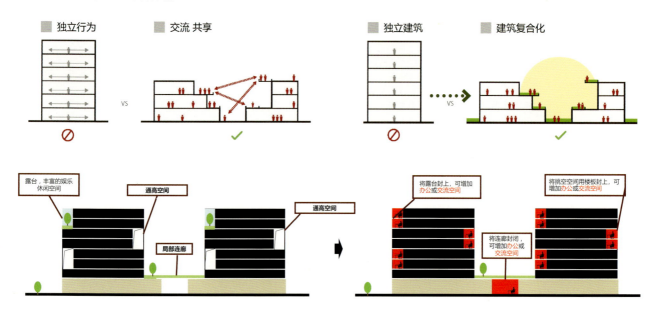

采用鼓励交流、交往和灵活使用的建筑形式
资料来源: 枢纽商贸组团城市设计

9.3.5 激发创新的科创绿谷

结合中央绿谷创新集聚带的总体定位，结合生态空间，导入科技研发、办公、孵化、展示、服务等创新功能，在大吴淞北部地区形成相对集中的科创产业集聚区，承接高铁宝山站带来的产业发展空间需求。在建筑形态上，强调交往、融合理念，匹配前沿科技创新功能的发展要求。建筑单体通过退台、局部通高等设计手法，鼓励内外人群之间的交流合作、提升空间使用的灵活性和多样性。建筑之间通过廊桥联系，串联主要服务功能，创造多首层交往和服务空间。

"垂类"模式
廊桥串联办公、研发、居住、餐饮、屋顶花园等主要功能空间和设施

建筑之间通过空中连廊进行连接
资料来源：枢纽商贸组团城市设计

科创绿谷设计效果图
资料来源：枢纽商贸组团城市设计

结语
知难行易：聚焦启动区破题城市更新

知难行易——懂得事情的道理难，而实行却比较容易。

经过各方两年多的努力，大吴淞地区转型发展的美好蓝图已初步绘就，各项工作已转向建设实施阶段。坚持大吴淞"一张蓝图"统领，突出国际视野、世界标准、中国特色、高点定位，强化规划引领、空间支撑、资源保障，优化"三师"联创工作机制，加强多部门协同联动、多专业系统集成，按照"成熟一块、启动一块、建成一块，注重战略留白"和"先蓝绿、再建城，先地下、后地上"的原则，市区协作、近远结合、统筹推进大吴淞地区高品质规划建设工作。

孙中山先生在《建国方略》中有一篇重要文献《孙文学说》。他写道，"当今科学昌明之世"，凡做事"必先求知"，而后才"敢从事于行"，这便能避免错误，防止失误或浪费时间，以提高工作效率。他进而提出新的知行路径："从知识而构成意像（象），从意像（象）而生出条理，本条理而筹备计划，按计划而用工（功）夫"，只要按这一知行新路径行事，则不论"事物如何精妙、工程如何浩大"，都"指日可以乐成"。

大吴淞正在经历这一知行路径，至 2035 年（"上海 2035"总规的规划期末），大吴淞将聚焦总面积 12.3 平方公里的启动区，进一步推进城市设计的深化、细化和详细规划编制工作，对重点领域、重点区域、重大工程和实施时序进行系统全面的考虑，形成近、中、远期规划编制，并进入建设推进阶段。结合"十五五"期间的工作安排，计划至 2027 年，基本建成大吴淞启动区高标准蓝绿基底和基础设施系统，地区骨架框架茁壮生长，城市形象明显转变，结合招商意向实现土地集中出让。至 2030 年，基本建成启动区功能性、标志性开发项目，建立具有标识度、显示度的区域品牌形象，带动大吴淞整体区域价值提升，同时助力后续周边地区的高品质滚动开发。

上海并不缺乏实施精妙大型项目的"知识"，尽管如此，大吴淞地区整体更新仍是一项浩大和旷日持久的系统工程。获得确凿的"意象"，从而合理规划"条理"和安排实施"计划"——这正是"四划"（谋划、策划、规划、计划）联动模式所要推动的。同时，整体更新需要有规律地盘点、反思、纠正、优化，形成不断细化、螺旋上升的趋势。

首先，如何获得大吴淞的"意象"？需要在大格局中谋定位，在更大范围和更广视野中审视"大吴淞"，跳出大吴淞看大吴淞，放在国际环境中看、放在国家战略中看、放在上海要求中看、放在地区发展诉求上看，在不确定的外部环境中，紧紧抓住"三水交汇、创新之城"发展意象，近远期结合引导开发的策略和手势。

其次，如何有条理地将大吴淞这项复杂问题拆解开，成为一项项可以实现的目标？需要在历史中找基因，在历史线索中找到发展逻辑，践行基础设施先行、公共服务先行；在蓝绿基底中定策略，在自然条件中找到空间逻辑，坚持"先蓝绿、再建城"；在存量盘点中探机遇，在绩效评估中找存量价值，实践"规储供用"一体化；在高品质中塑未来，品质优先不让步，在高质量规划和高品质设计中趋近地区价值的极限，专业的人做专业的事。

接下来，如何形成规划、策划、计划，保障"一张蓝图绘到底、干到底"？没有一个专业、没有一个团队、没有一家单位可以独自完成大吴淞整体更新，实践"三师"联创甚至"多师"联动模式，共同在集成创新中找到最优解是必经之路，责任规划师团队是牵针引线者，是技术协调人、总图维护者，也是政府和开发单位的智囊团。责任规划师团队从策划到实施、从建设到运营的全过程，陪伴地区成长。

正如《孙文学说》所言，最后一步，也是最难的一步，叫作"功夫"，大吴淞如今的状态是之前一百多年来（甚至更久之前）不断累积而来，尘封了辉煌，也蒙上尘埃。整体更新不是一蹴而就的，需要用"功夫"。这里的功夫有三层，第一层最好理解，即身怀专业技能，解决实施过程中不断出现的问题，寻找解决方案；第二层是持续滚动推进，制订一年、三年、五年、十年计划，持续做功；第三层是给复杂问题以时间，以耐心，在国际环境复杂多变，不稳定性、不确定性不断增加的今天，在无常之中寻找日常，以确定的目标，迎接不确定的未来。

编者
2025 年 7 月

参考文献

[1] 川沙县县志编修委员会.川沙乡土志[M].上海:[出版者不详],1986.

[2] 上海市宝山区史志编纂委员会.宝山县志[M].上海:上海人民出版社,1992.

[3] 上海市宝山区史志编纂委员会.吴淞区志[M].上海:上海社会科学院出版社,1996.

[4] 《上海市地图集》编纂委员会.上海市地图集[M].上海:上海科学技术出版社,1997.

[5] 上海市宝山区地方志办公室.上海市宝山区政协文史委员会.吴淞开埠百年[M].内部资料,
     1998.

[6] 上海市城市规划设计研究院.循迹启新:上海城市规划演进[M].上海:上海同济大学出版社,
     2007.

[7] 沈璐.传统工业区改造之路以埃姆歇公园世界建筑展(IBA Emscherpark)为例[J].北京规
     划建设,2007(3):77-79.

[8] 赵儒煜,杨振凯.传统工业区振兴中的政府角色与作用:欧盟的经验与中国的选择[M].吉林:
     吉林大学出版社,2008.

[9] 熊月之,周武(主编).上海:一座现代化都市的编年史[M].上海:上海书店出版社,2009.

[10] 上海市宝山区史志编纂委员会.上海市宝山区志(1988—2005)[M].北京:方志出版社,
     2009.

[11] 张明是.吴淞文化之旅[M].上海:百家出版社,2010.

[12] 孙中山.建国方略[M].北京:生活·读书·新知三联书店,2014.

[13] 上海市城市规划设计研究院.大上海都市计划(整编版)[M].上海:同济大学出版社,2014.

[14] 上海市宝山区文物保护管理所.宝山文物:不可移动卷[M].上海:上海书店出版社,2014.

[15] 上海市人民政府.上海市城市总体规划(2017—2035年)[R].上海市人民政府官网,2017.

[16] 孙逊,钟翀(主编).上海城市地图集成[M].上海:上海书画出版社,2017.

[17] 张钰芸.吴淞创新城[N].新民晚报,2023-9-4(5).

[18] 上海市规划和自然资源局.上海市宝山区人民政府.上海市浦东新区人民政府.大吴淞地区
     专项规划[R].上海市人民政府官网,2024.

[19] 牟振宇(主编).黄浦江古今地图集[M].上海:中华地图学社,2024.

[20] 沈璐.应对气候变化的"上海之门"地区更新规划实践[Z].上海:第二届气候变化科学大会,
     2024.

鸣谢单位（排名不分先后）

上海市发展和改革委员会

上海市交通委员会

上海市水务局

上海市文化和旅游局

上海市绿化和市容管理局

上海市"一江一河"工作领导小组办公室

上海报业集团解放日报社

雄安新区规划建设研究会

上海国际招标有限公司

北京科技园拍卖招标有限公司

雄大设计港

图书在版编目（CIP）数据

大吴淞规划设计："三师"联创探索实践 / 上海市
规划和自然资源局编著 . -- 上海：上海文化出版社，
2025. 8. -- （大都市营造系列丛书）. -- ISBN 978-7
-5535-3274-5

Ⅰ . TU984.251.4

中国国家版本馆 CIP 数据核字第 2025H5Q105 号

出 版 人　姜逸青

责任编辑　江　岱　张悦阳

书籍设计　乔　艺

书　　　名　大吴淞规划设计："三师"联创探索实践

作　　　者　上海市规划和自然资源局 编著

出　　　版　上海世纪出版集团　上海文化出版社

地　　　址　上海市闵行区号景路 159 弄 A 座 3 楼 201101

发　　　行　上海文艺出版社发行中心

印　　　刷　上海雅昌艺术印刷有限公司

开　　　本　889mm×1194mm　1/16

印　　　张　15　插页 30

版　　　次　2025 年 8 月第 1 版　2025 年 8 月第 1 次印刷

书　　　号　ISBN 978-7-5535-3274-5/TU.043

审　图　号　沪 S〔2025〕071

定　　　价　168.00 元

如发现本书有质量问题请与印刷厂质量科联系。

联系电话：021-68798999

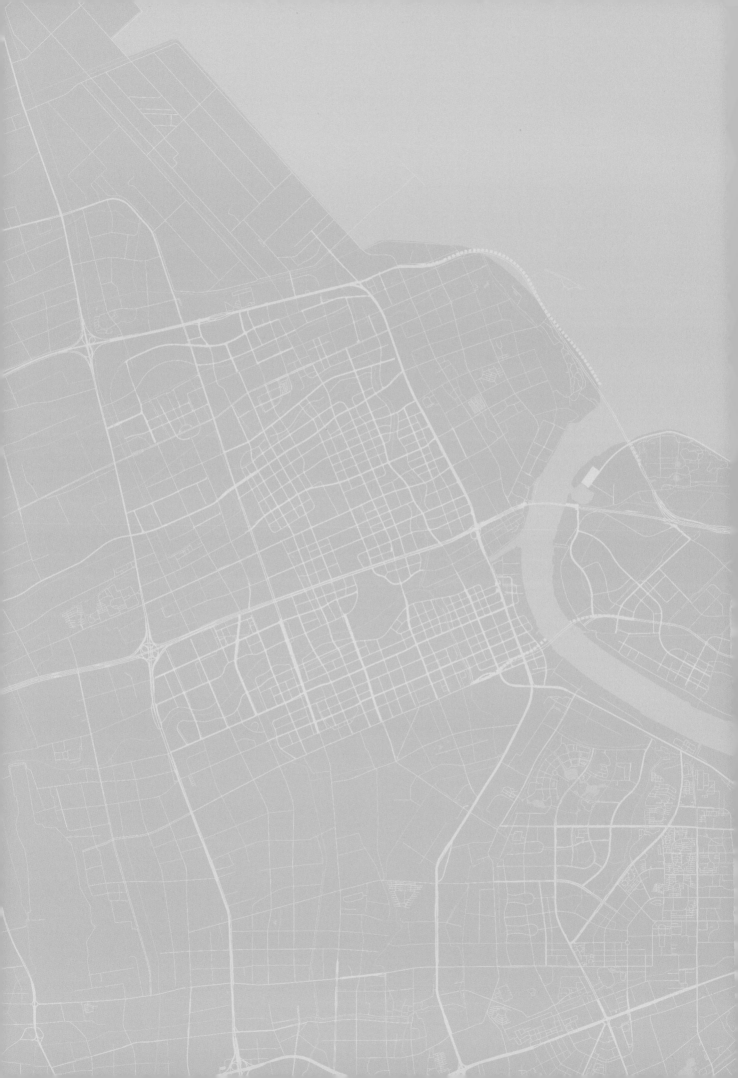